森女风格手作服缝纫基础

（日）小原洋子 著
陈新平 译

化学工业出版社
· 北京 ·

Publisher of Japanese edition: Sunao Onuma; Book-design: Mihoko Amano; Photography: Chiemi Nakajima; Styling: Hiroe Kushio; Hair & makeup artist: AKI; Model: YOO; Making explanation: Naoko Domeki; Digital trace: Shikanoroom; Pattern grading: Kazuhiro Ueno; Pattern arrangement: Hiroko Kondo; Proofreading: Masako Mukai; Editing: Yukiko Miyazaki[BUNKA PUBLISHING BUREAU]
Original Japanese edition published by EDUCATIONAL FOUNDATION BUNKA GAKUEN BUNKA PUBLISHING BUREAU

This Simplified Chinese edition published by arrangement with EDUCATIONAL FOUNDATION BUNKA GAKUEN BUNKA PUBLISHING BUREAU, Tokyo through HonnoKizuna, Inc., Tokyo, and Shinwon Agency Co. Beijing Representative Office, Beijing
本书中文简体字版由学校法人文化学园文化出版局授权化学工业出版社独家出版发行。

北京市版权局著作权合同登记号：01-2017-4768

图书在版编目（CIP）数据

森女风格手作服缝纫基础 /（日）小原洋子著；陈新平译. —北京：化学工业出版社，2020.7
ISBN 978-7-122-36646-7

Ⅰ. ①森… Ⅱ. ①小… ②陈… Ⅲ. ①服装缝制 Ⅳ. ①TS941.634

中国版本图书馆CIP数据核字（2020）第080010号

责任编辑：高　雅　　　　装帧设计：王秋萍
责任校对：边　涛

出版发行：化学工业出版社（北京市东城区青年湖南街 13 号　邮政编码 100011）
印　　装：北京宝隆世纪印刷有限公司
787mm × 1092mm　1/16　印张 $5^1/_4$　插页 4　字数 280 千字　2020 年 8 月北京第 1 版第 1 次印刷

购书咨询：010-64518888　　　　售后服务：010-64518899
网　　址：http://www.cip.com.cn
凡购买本书，如有缺损质量问题，本社销售中心负责调换。

定　价：79.80 元

日常生活当中，我行我素的服饰最舒适。
心情最重要。

每天穿着，轻松最重要。
搭配设计或小物件配饰，穿出自己的风格，切合生活本质的服饰。

目录

I 版型优美的百搭白色衬衫

旅行时不可或缺的白色衬衫。
百搭的舒适风格。
这里所选的是一款带底领的翻领衬衫，稍长的喇叭口版型，使用了四季都可穿着的柔软亚麻面料。

1 制作方法 p.47

简洁的款式，可叠穿搭配出文艺范的百搭版型。
任何色调都能被白色中和柔化，整体富于朝气。

2 制作方法 p.48

利用p.4的衬衣版型，稍加延长制成连衣裙，还能穿出外套风。
布料使用巴厘纱的杨柳亚麻，轻盈柔软。

II

舒适质感的蕾丝用于日常生活

舒适的棉麻布料中绣花，勾勒出线条感的蕾丝布料牵动人心。
素雅，但精心制作而成的布料，塑造出轻盈质感。

旧行李箱塞满的怀旧风领饰和边饰等，是历经几十年游历欧洲收集的珍贵物品。

3 制作方法 p.50

野花为主题的边饰绣花亚麻布，
采用直线剪裁的绣花布边来修饰
简单的版型。

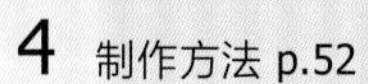

4 制作方法 p.52

可爱的花朵构成立体感绣花镂空效果，纤细棉布材质的玻璃纱。
短款搭配短裙，俏丽活泼。

5 制作方法 p.53

怀旧蕾丝风格布料，使用同色系棉线绣花而成的棉纱布。
欧洲壁纸造型的绣花图案，一件惹人喜爱的罩裙。

III

方便且优雅的连衣裙

因穿着方式而变幻出各种装饰表情的连衣裙，也可当外套穿着，很适合成熟女性。
选择宽松版型，还能搭配出文艺范。

6 制作方法 p.54

即使将绳带打结也能穿出宽松感的版型。
在腰围、前后肩部都加上缩褶的爱丽舍亚麻布。

使用材质不同的轻盈丝绸印花布。

IV

配饰是成熟搭配的关键

天气晴朗的日子最好不过，或平日的每一天，配饰的作用最为关键。
奢华的珠宝虽然迷人，但质感优美的石材、骨头加以雕刻，最适合日常搭配。
或许有些朋克风，但只要适合自己就是最好的。

使用象牙、黑玉、珊瑚、水晶等精雕细琢而成的优美配饰。

大号的配饰，和衣服很搭配的高雅色调。

7 制作方法 p.56

后领窝戴上围巾般的罩衫，采用水洗做旧加工而成的亚麻布。

8 制作方法 p.57

好像经久而成的色调和风格，采用洗旧印染的棉布。
头带上的胸花增添了复古风情。

9 制作方法 p.58

插肩袖罩衫，可代替外套的宽松设计。
初春至夏季的时间里，恋恋不舍的一件。

配饰般的纽扣可任意替换。

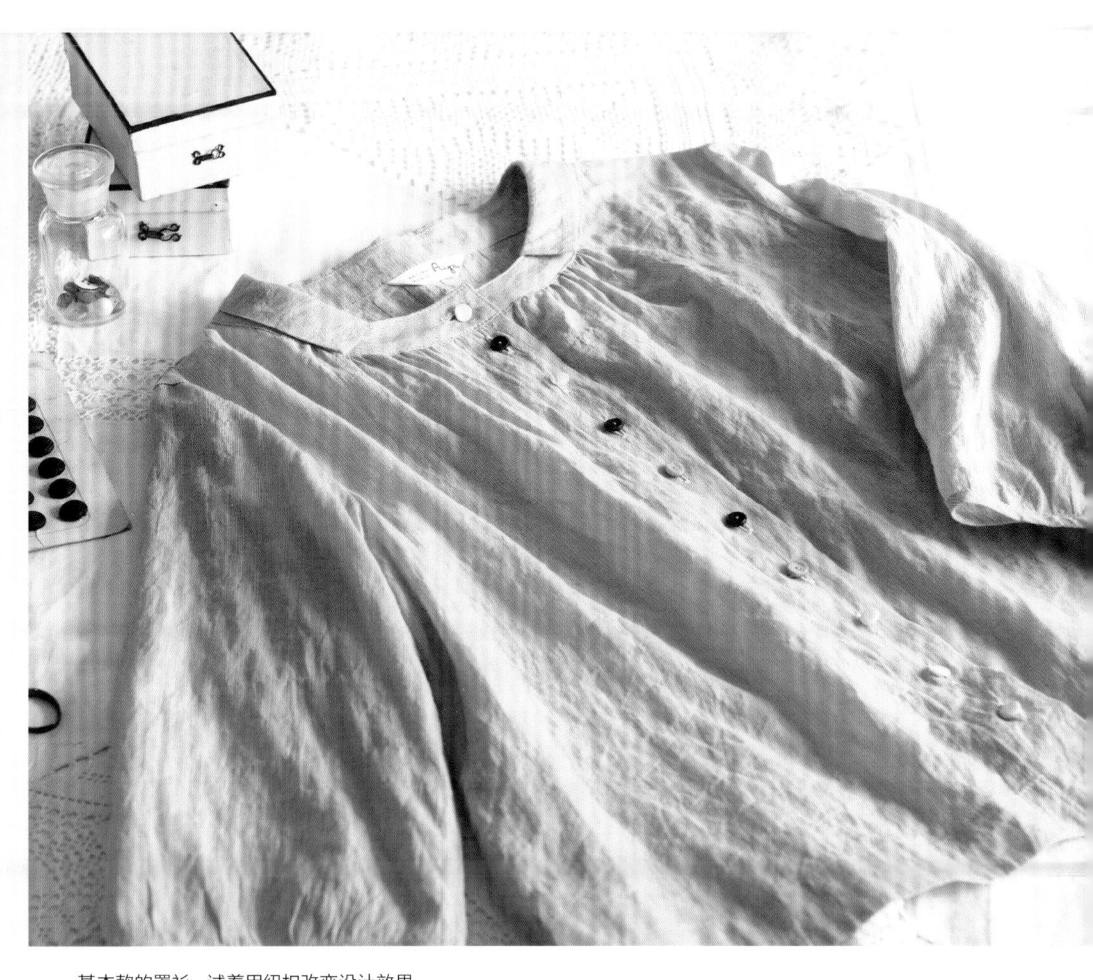

基本款的罩衫，试着用纽扣改变设计效果。
上页的罩衫采用蓝白条纹布料，搭配手绘图案的陶瓷、玻璃、镂空等丰富造型的纽扣。
上图的罩衫选择介于白色至灰色之间的多种纽扣，每一粒都是精品。

利用旧围巾，美感增添数倍。

环绕牛仔裤的腰带, 从一头穿出系起来。

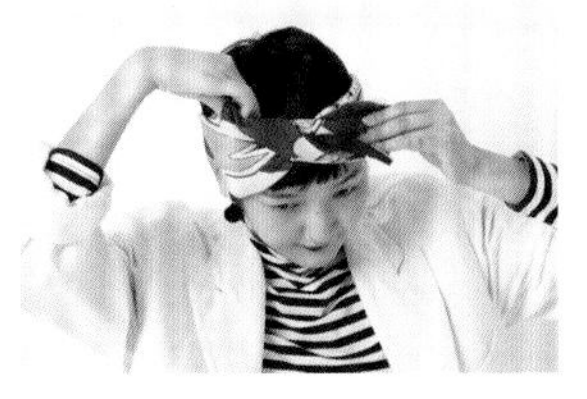

长方形的围巾折叠成合适宽度，缠绕包住头发，在头顶打结，塞入内侧调节整齐。

颈部绕出合适长度，不用打结，穿入环中就好。

正方形的围巾对角折叠成三角形，对角线朝后，在头顶打结，塞入朝前的三角部分，调节整齐。

正方形的围巾以对角线为中心，折成细长的领带状，打结后调节整齐。

V

复古就是经典

“设计服装时，采用了北欧风格的复古领饰、袖形、蕾丝等。”
就像调味料般，在设计中随处可见。

10 制作方法 p.60

领窝、袖窿、口袋口、下摆也穿入松紧带，可轻松穿着的背心式罩裙。
采用了原色的洗旧加工亚麻布料。

11 制作方法 p.62

领窝加入宽大绣花的连衣裙，使用柔软轻盈的棉布。

画家穿衣风格般的怀旧缝褶是设计亮点

12 制作方法 p.59

胸部带过肩拼接的束身罩裙。
解放双手的七分袖，采用植物蓝染的深色亚麻布。

13 制作方法 p.64

招待朋友时最适合的美厨娘装扮，大胆采用棉质蕾丝制作的漂亮罩衫。

14 制作方法 p.66

使用通透感的薄亚麻布制作的吊带衫。
纤细的肩带，更显女人的妩媚。

特殊日子的自我风格

注重细节的“社交服饰”，袖长、裙长、布料等都是精心选择的。
不失礼节的同时，且穿出自我风格。

15 制作方法 p.68

清爽舒适的棉麻蕾丝制作的纽扣罩衫和连衣裙。
下页的作品利用鲜艳的粉色袜子，搭配出派对风。

特别场合或简洁的日常穿着

纽扣罩衫整齐排列，搭配皮鞋则更显正式。

无袖的连衣裙，轻松参加派对，
再搭配穗饰鞋和手袋。

纽扣罩衫搭配条纹T恤和宽腿裤，
再搭配草帽和皮鞋，
平日外出装扮也很合适。

精选的上装&下装

这里介绍罩衫、裙装、裤装等单品。
搭配各种简洁服饰，轻松每一天。

16 制作方法 p.70

长大后，清纯的海军领却依然能牵动人心。
随风飘舞的舒适装扮，使用了手揉洗旧加工的棉平纹布。

17 制作方法 p.72（连帽罩衫）

18 制作方法 p.73（猴裤）

p.37的海军领罩衫为基本型，衣片加上连帽的设计，采用棉麻混纺布料。舒适的猴裤则采用稍厚的亚麻布。

19 制作方法 p.74

永远受欢迎的格纹，还有柔软的棉质泡泡布，做成三层拼接而成的中裙。

20 制作方法 p.76

立体感剪裁的泡泡裙，空气感的气球效果，裙摆未过分收缩的设计，使用棉麻布料制作，穿着舒适。

21 制作方法 p.78

纽扣衬衣样式的运动衫。
采用喜欢的纽扣或侧边的口袋随意搭配。

22 制作方法 p.77

前后折叠细褶，宽松舒适的裤装，感觉像是长裙。
布料采用稍有弹性的亚麻布。

Yoko Obara

小 原 洋 子

Cotton House Aya

主营日本生产的原生素材，以棉布为核心制作服饰的品牌“Cotton House Aya”。直营的八家店铺中，每个店铺装饰各具特色。但共同的风格是店里摆放着各种欧洲风格的复古物品。除了舒适的服饰，还会提出各种穿着搭配、生活方式的建议。

1

2

3

Champ de Blé

东京都世田谷区奥沢5-20-18
http://cotton-house-aya.jp

资讯

数十年前，在巴黎遇见一个排放着各种白色亚麻布的店铺，希望我不久也能拥有这样一家店铺。

于是，白色衬衣收藏主题的Cotton House Aya店铺便应运而生。
此外，旧市场中找到的女仆白衬衣、画家工作服也成为我作品的经典范本。本书中搭配使用的小物件包括旅行途中遇到的围巾、配饰、手袋、竹篮等。搭配简洁服饰，形成我行我素的风格。

我所迷恋的“探寻怀旧之旅”，今后还要继续。

欧洲的古典精品之美令人欲罢不能，日本的工匠之心也令人叹服。目前，我小心使用日本各地织工精细制作的布料，制作成衣。

以原始色调为主，专心于棉麻布料的日常服饰。大家如能通过本书感受到Cotton House Aya服饰的“舒心感”，我会十分开心。

小原洋子

1 古董或仿古的配饰。
2 小手工作坊的怀旧纽扣、蕾丝、手工工具。
3 小画廊般的店铺一角，用1700~1800年的绣花衣服作为装饰。
4 怀旧的衬衣也是卖品。
5 东京·日本桥三越的直营店，还少量售卖手工制作的蕾丝布料。

制作方法

实物等大纸型的尺码和使用方法

✣ 大多数作品均使用附录的实物等大纸型制作。因为是宽松的设计，所以实物等大纸型为统一尺码。制作方法页中，列表说明作品和成品尺寸和对应尺码，请对应参考尺寸表，选择尺码。
特别是衣长、裤长，还会因穿着人的身高而产生迥异效果。建议对比常穿的服饰，简单找到对应的尺码。

参考尺寸表

	M	ML	L
胸围	80~84	84~88	88~92
臀围	88~92	92~96	96~100

（单位：cm）

✣ 从附录的实物等大纸型中，将所需布件描印至其他纸。所使用纸型已在各作品的制作方法页中说明。

✣ 实物等大纸型中含缝份，须描印成品线和缝份线。此外，布纹线或拼合记号以及口袋或纽扣的缝接位置也不能忘记描印。沿着缝份线，裁剪已描印的纸型。

✣ 罩裙（3款）和塔裙没有实物等大纸型，须按制作图的尺寸，自己制作纸型。制作图不含缝份，建议参考裁剪图所示尺寸，在制作图中添加缝份，与附录的实物等大纸型一样设置纸型。

布料的裁剪和标记

✣ 参考制作方法页的裁剪图，将纸型铺在布料上，按带缝份的纸型裁剪布料。

✣ 省略成品线的标记，以针脚量规或缝纫机针板的刻度为参照，按缝份尺寸车缝，能够快速完成。此时，拼合记号、开衩止处等需要在布边加入0.2~0.3cm的剪口。此外，口袋缝接位置等需要用双面描印纸或布料记号笔在布料背面标记。

✣ 在成品线标记时，内面对齐对折裁剪布料，将双面描印纸夹入2片布料之间，用滚刀沿着成品线滚动标记。

✣ 布料用量、裁剪图不需要考虑对花纹。对花纹时，须多准备布料。

车缝线和针

✣ 制作方法页的“材料”中省略了车缝线。须对照所用布料，选择合适的车缝线。稍薄至普通的棉麻布料建议选择60号的涤纶车缝线，车缝针使用11号。真丝或雪纺类的薄布料建议使用90号的涤纶车缝线，车缝针使用9号。

注：车缝=机缝

I p.4 1 小翻领衬衫

❗ 纸型（1面A）
A后衣片 A前衣片 A袖 A上领 A底领

✣ 成品尺寸（M~L尺码）
胸围118cm 衣长72.5cm 袖长57.5cm

材料

表布 法兰西亚麻布……宽110cm×220cm
黏合衬……宽90cm×70cm
纽扣……直径1.3cm×8个

准备

前开襟的缝份、底领、上领（仅1片）的内面贴黏合衬。
上领贴黏合衬一片为里上领。

制作方法顺序

1 调整前开襟。→图示
2 缝合肩部。前后肩外面对齐缝合，缝份2片一并锁边车缝处理，压向后侧明线车缝。
3 制作领子。→p.49
4 缝接领子。→p.49
5 缝合袖口的开衩。→p.49
6 缝接袖子。袖子外面对齐缝合于衣片的袖窿，缝份2片一并锁边车缝处理，压向衣片侧明线车缝。
7 连续缝合袖下至侧边，处理袖口。→p.49
8 处理下摆。下摆侧缝份熨烫三折边成1cm宽度，明线车缝。
9 前开襟制作扣眼，缝接纽扣。底领为横扣眼，其他为纵扣眼。

裁剪图

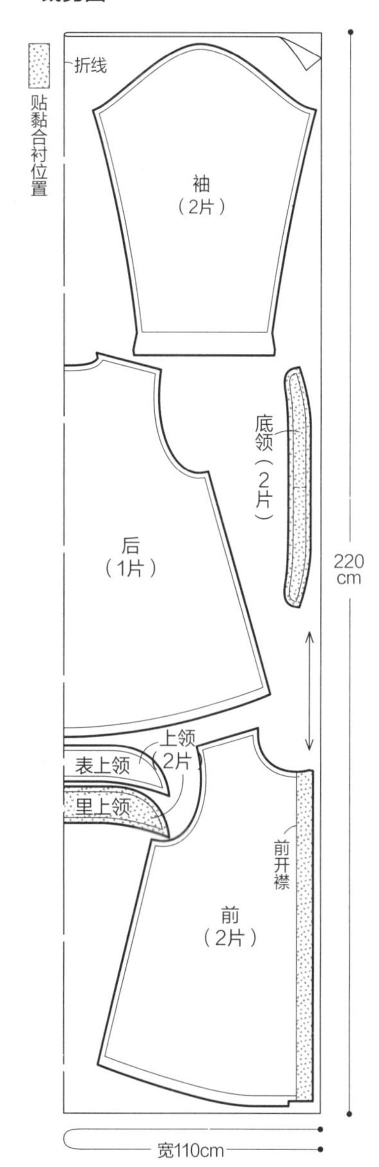

制作方法顺序

1 调整前开襟

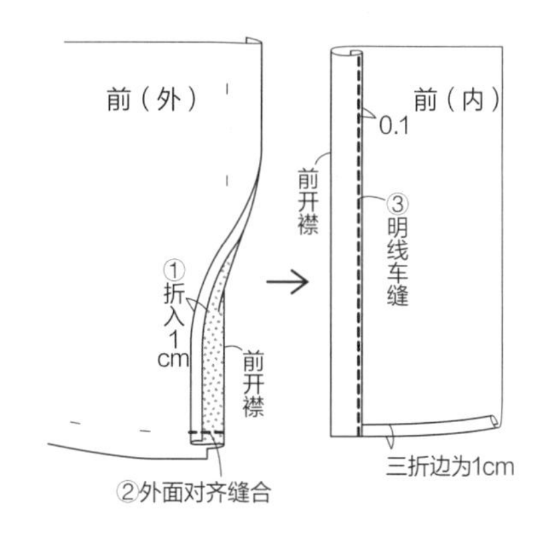

I p.6 2 小翻领连衣裙

✣ 纸型（1面A）
A后衣片 A前衣片 A袖 A上领 A底领
✣ 成品尺寸（M~L尺码）
胸围118cm 衣长110cm 袖长57.5cm

材料

表布 杨柳亚麻布……宽110cm×330cm
黏合衬……宽90cm×110cm
纽扣……直径1.3cm×11个

准备

前开襟的缝份、底领、上领（仅1片）的内面贴黏合衬。
上领贴黏合衬一片为里上领。

制作方法顺序

1 调整前开襟。→图示
2 缝合肩部。前后肩外面对齐缝合，缝份2片一并锁边车缝处理，压向后侧明线车缝。
3 制作领子。→图示
4 缝接领子。→图示
5 缝合袖口的开衩。→图示
6 缝接袖子。袖子外面对齐缝合于衣片的袖窿，缝份2片一并锁边车缝处理，压向衣片侧明线车缝。
7 连续缝合袖下至侧边，处理袖口。→图示
8 处理下摆。下摆侧缝份熨烫三折边成1cm宽度，明线车缝。
9 前开襟制作扣眼，缝接纽扣。底领为横扣眼，其他为纵扣眼。

裁剪图

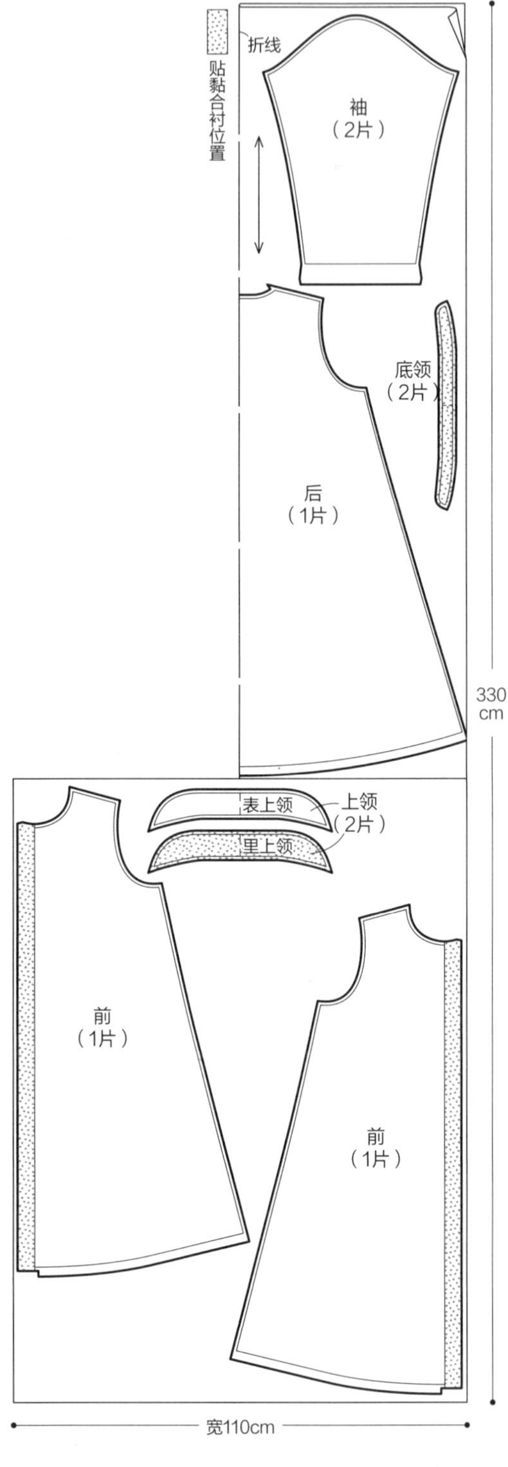

制作方法顺序

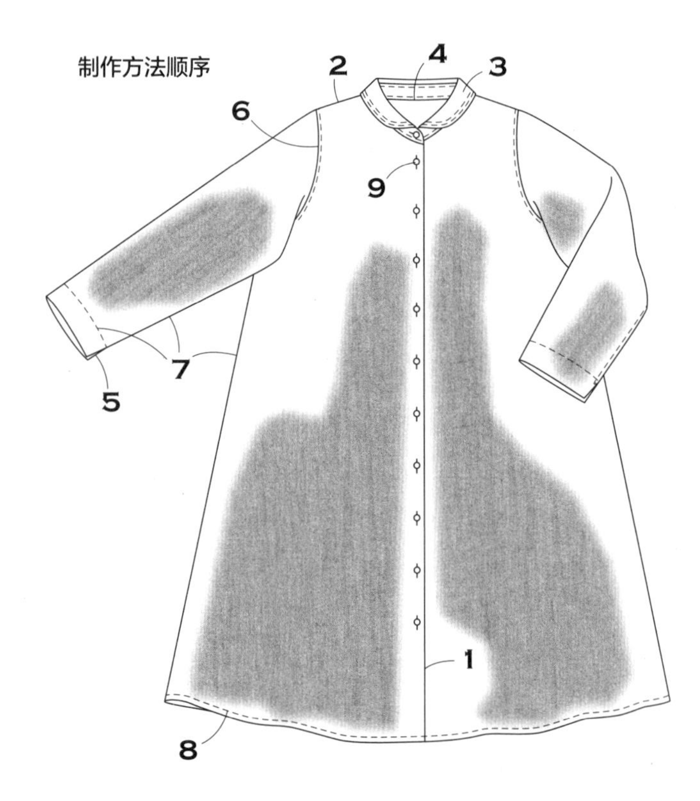

1 调整前开襟

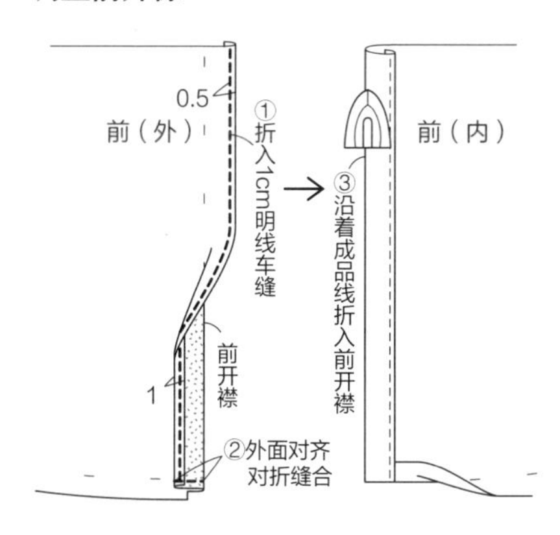

3 制作领子

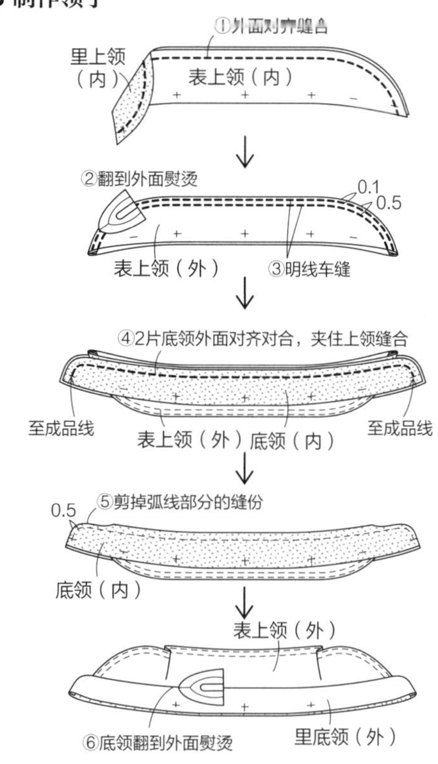

4 缝接领子

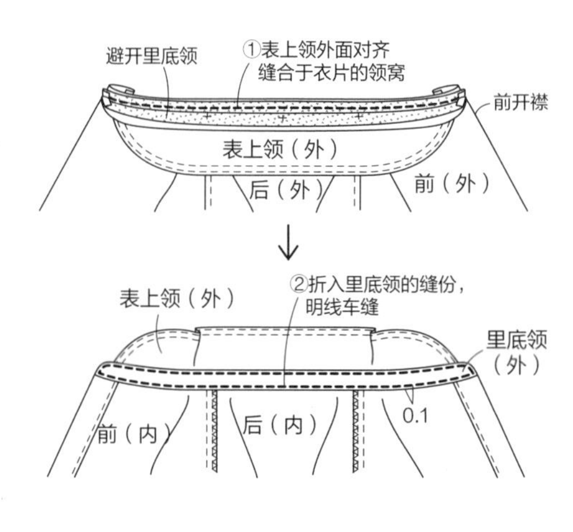

5 缝合袖口的开衩

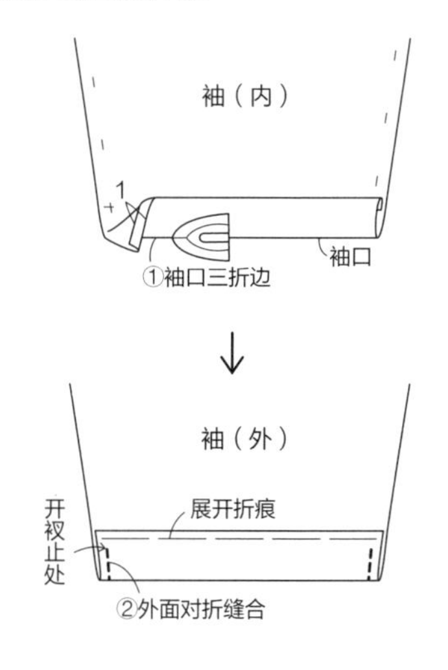

7 连续缝合袖下至侧边，处理袖口

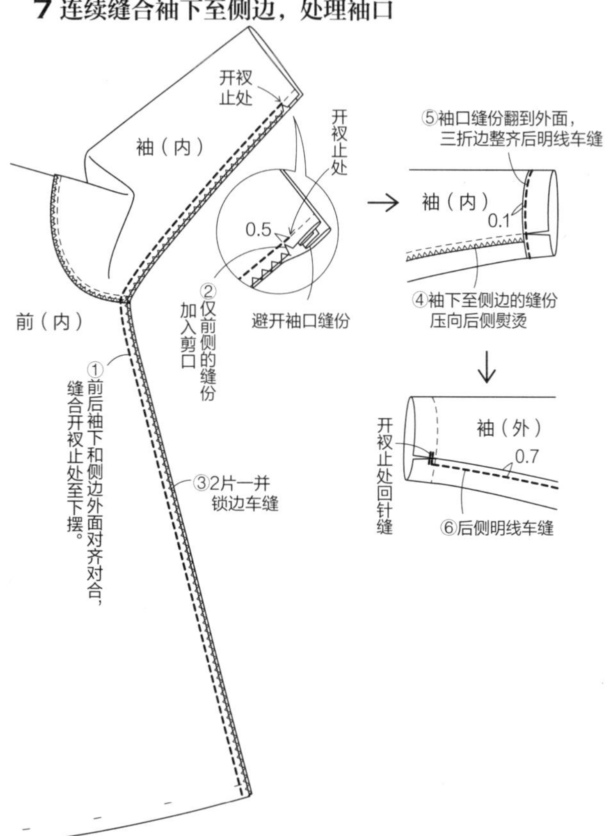

Ⅱ p.9 3 短袖拼接连衣裙

✣ 纸型（2面B）
B后衣片 B后裙片 B前衣片 B前裙片 B袖 B后领窝贴边
B前领窝贴边
✣ 成品尺寸（M~ML尺码）
胸围99cm 衣长97cm 袖长22cm

材料

表布 边饰绣花麻布……宽120cm×240cm
黏合衬……宽90cm×20cm
黏合布带……宽1.5cm×90cm
拉链……56cm×1根
挂钩……1组

准备

贴边的内面贴黏合衬。后中心的拉链缝接位置的缝份内面贴黏合布带。后衣片的后中心缝份锁边车缝。

制作方法顺序

1 缝合后中心，缝边拉链。→图示
2 前后肩外面对齐，缝边缝合。缝份2片一并锁边车缝处理，压向后侧明线车缝。领窝贴边的肩部也缝合，缝份摊开。
3 用贴边布回针缝领窝。→图示
4 缝接袖子。
缝份2片一并锁边车缝处理，压向袖子侧。
5 处理裙片的下摆。缝份三折边成1.5cm宽度，三折边端部明线车缝。
6 缝合衣片和裙片。缝份2片一并锁边车缝处理，压向衣片侧明线车缝。
7 缝合袖下至侧边。袖口和下摆之间，连续缝合袖下和侧边。缝份2片一并锁边车缝处理，压向后侧明线车缝。
8 处理袖口。缝份三折边成2cm宽度，明线车缝。
9 拉链缝接于领窝的后中心。

裁剪图

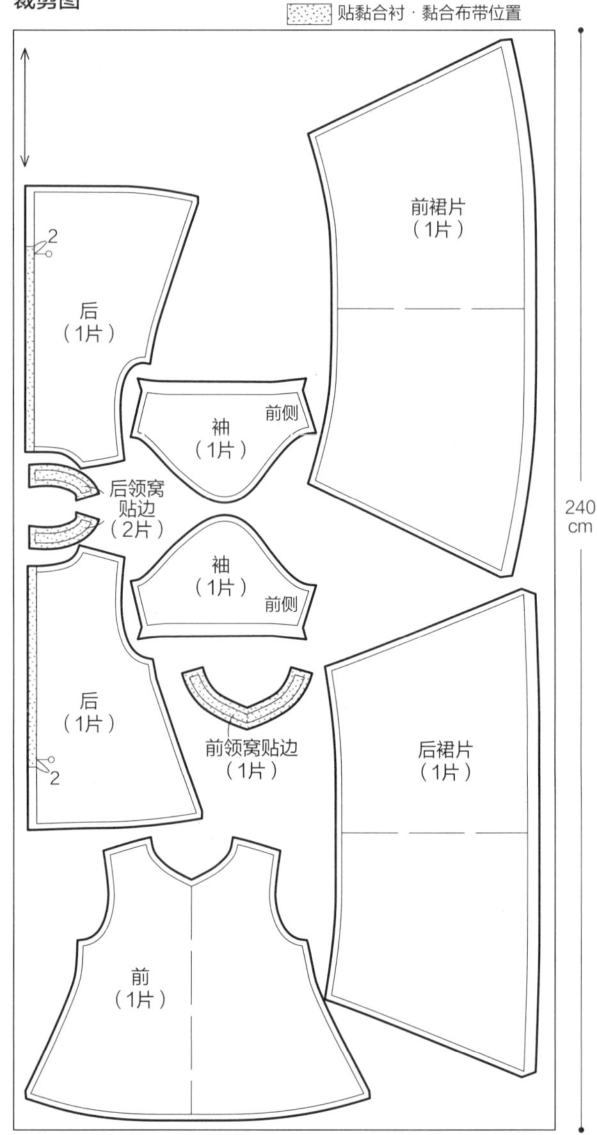

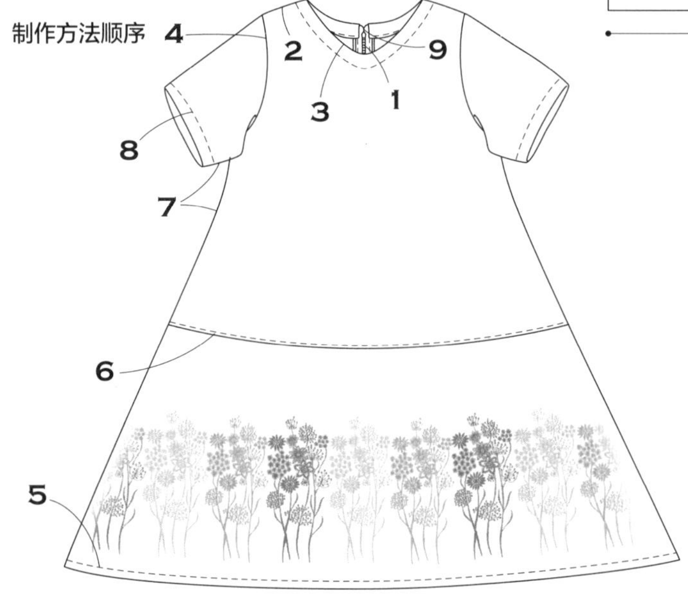

1 缝合后中心，缝接拉链

[拉链的缝接方法]

3 用贴边布回针缝领窝

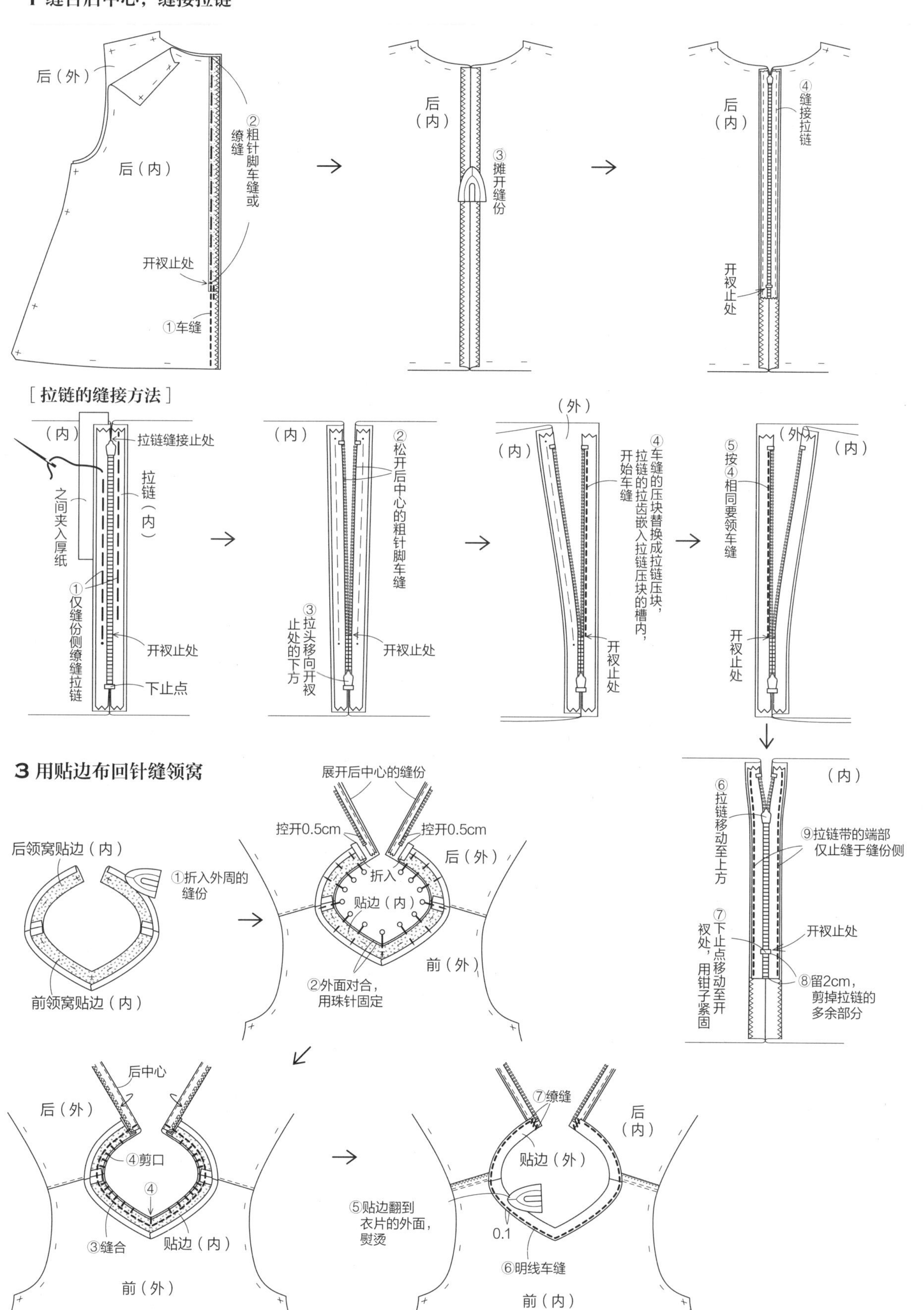

Ⅱ p.10 4 蕾丝布罩衫

✣ 纸型（3面C）
C后衣片 C前衣片 C袖
✣ 成品尺寸（M~L尺码）
胸围118cm 衣长53.5cm 袖长53cm

材料

表布 棉玻璃纱……宽95cm×210cm
里布 棉玻璃纱……宽50cm×45cm
纽扣……直径1.15cm×1个

制作方法顺序

1 后中心制作开衩。→图示
2 缝合肩部。缝份2片一并锁边车缝处理，压向后侧。
3 用其他布的斜裁布回针缝领窝，此时，右后开襟夹住布襻缝合。→图示
4 缝合袖口的开衩。→p.49
5 缝接袖子。缝份2片一并锁边车缝处理，压向衣片侧。
6 连续缝合袖下至侧边，处理袖口。→p.49
7 处理下摆。下摆侧缝份熨烫三折边成0.8cm宽度，明线车缝。
8 纽扣缝接于后开衩。

裁剪图

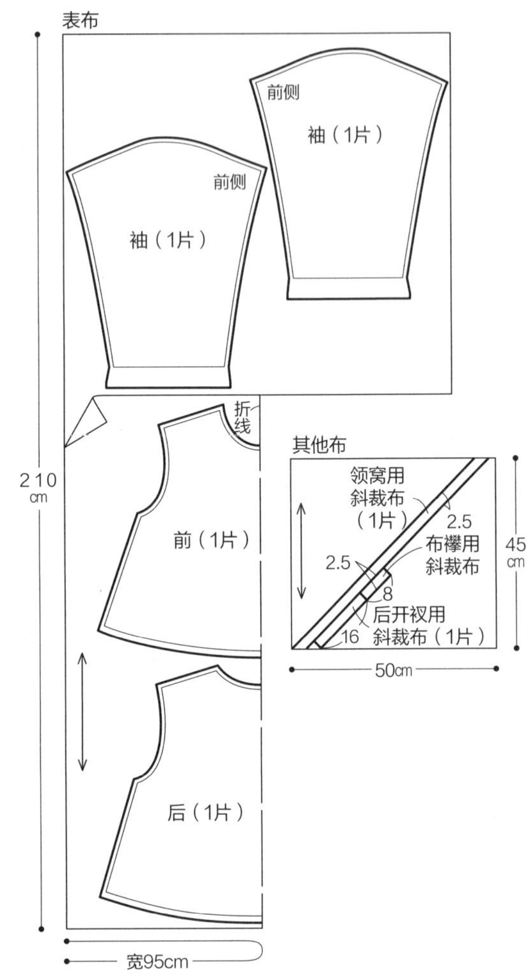

制作方法顺序

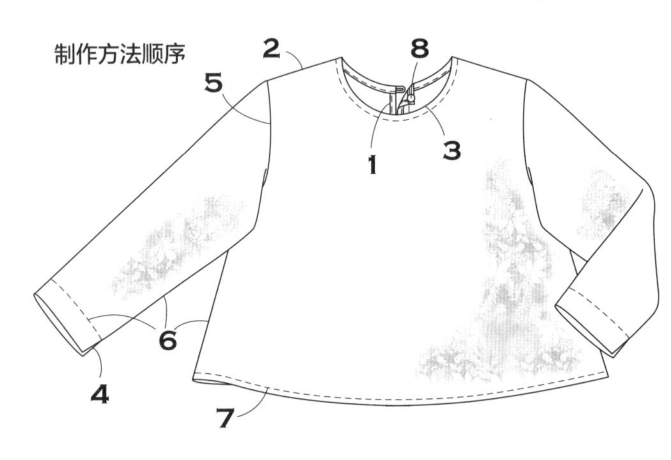

1 后中心制作开衩

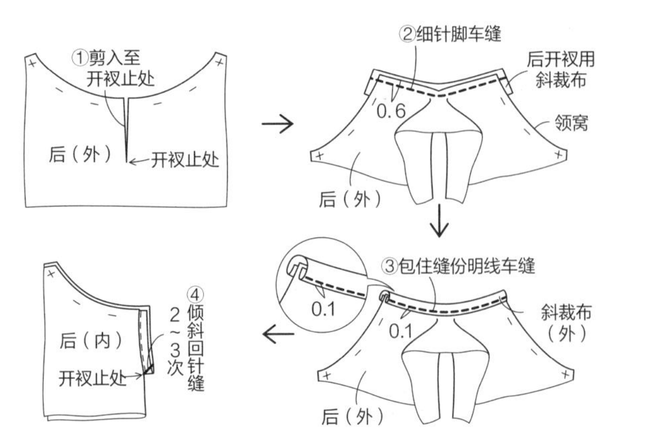

3 用斜裁布回针缝领窝

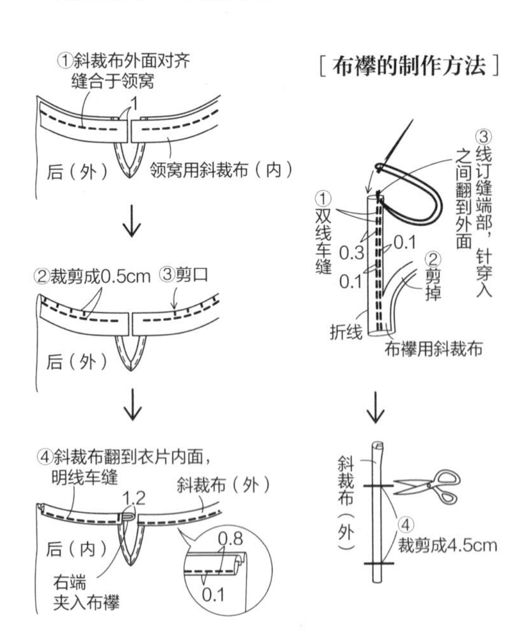

Ⅱ p.11 5 蕾丝布罩裙

❗ 纸型（4面D）
D后衣片 D前衣片 D袖 D后开衩贴边
D后领窝贴边 D前领窝贴边

✣ 成品尺寸（M~L尺码）
胸围109cm 衣长78.5cm 袖长45cm

材料

表布 棉纱布……宽96cm×230cm
黏合衬……宽90cm×30cm
纽扣……直径1.3cm×4个

准备

各贴边的内面贴黏合衬。
后开衩贴边的下端锁边车缝。

制作方法顺序

1. 缝合肩部。前后衣片及领窝的贴边外面对齐，缝合肩部。衣片的缝份2片一并锁边车缝处理，压向后侧明线车缝。
2. 用贴边回针缝领窝至后开衩。→图示
3. 缝合后中心，调整开衩止处。→图示
4. 缝合袖口的开衩。→p.49
5. 缝接袖子。缝份2片一并锁边车缝处理，压向袖侧。
6. 连续缝合袖下至侧边，处理袖口。→p.49
7. 处理下摆。下摆侧缝份熨烫三折边成1.5cm宽度，明线车缝。
8. 前开襟制作扣眼，缝接纽扣。

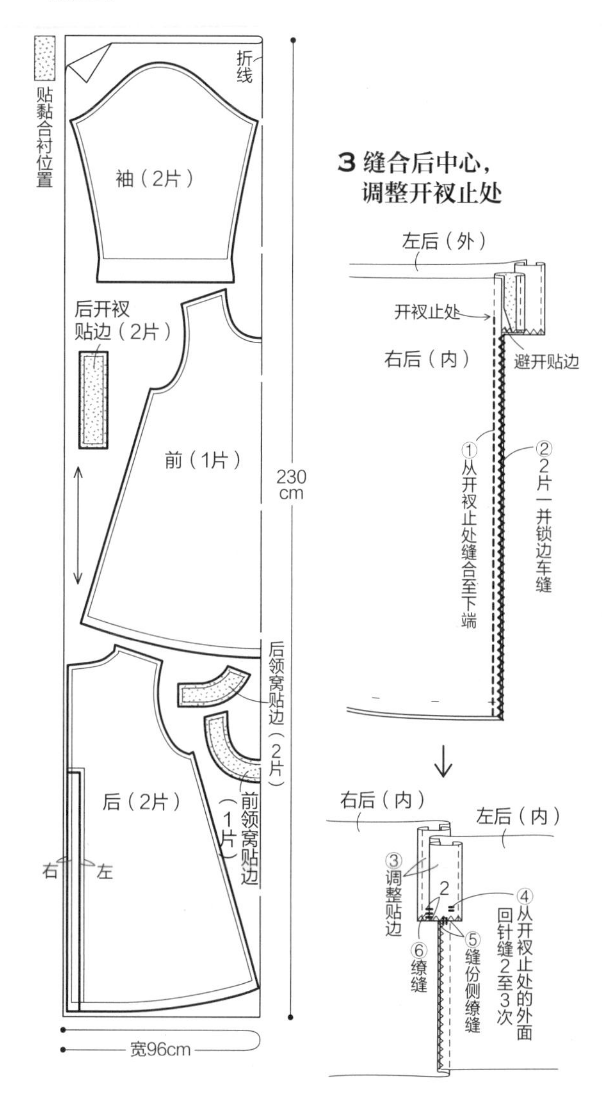

制作方法顺序

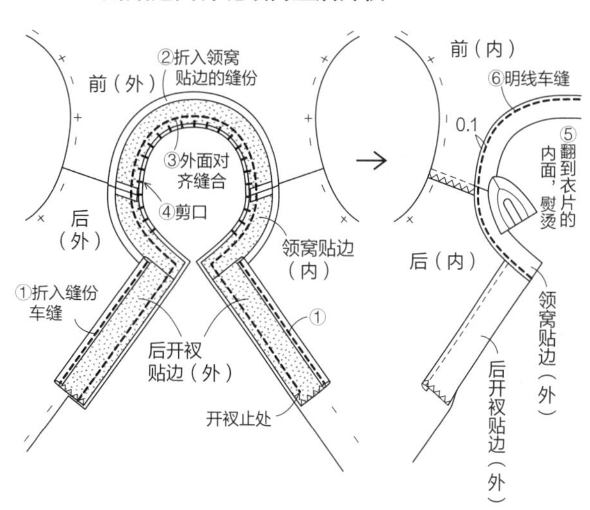

III p.12 6 褶皱斜襟连衣裙

✣ 纸型（3面E）

E后衣片 E后裙片 E前衣片 E前裙片 E过肩 E袖 E领 E口袋布

✣ 成品尺寸（M~L尺码）

胸围109cm 衣长108.5cm 袖长31.5cm

材料

表布 爱丽舍亚麻布……宽114cm×330cm

黏合衬……宽90cm×50cm

准备

前衣片的前开襟缝份、领子的内面贴黏合衬。

裙片和口袋布的侧边缝份锁边车缝。

制作方法顺序

1 制作绳带。→图示
2 缝合衣片的前开襟。前开襟缝份三折边成1cm宽度，明线车缝。
3 缝合衣片和过肩。→图示
4 制作并缝接领子。→图示
5 缝合衣片的侧边。左侧边夹住绳带缝合，缝份2片一并锁边车缝处理，压向后侧明线车缝。
6 制作袖子。缝合袖子，缝份2片一并锁边车缝处理，压向后侧。接着，袖口的缝份三折边成2cm宽度，明线车缝。
7 缝接袖子。缝份2片一并锁边车缝，压向袖侧。
8 缝合裙片的侧边，制作口袋。→图示
9 处理裙片的下摆、前开襟。下摆的缝份三折边成2cm宽度，明线车缝。前开襟三折边成1cm宽度，明线车缝。
10 缝合腰围。裙片的腰围侧缩褶，与衣片外面对齐缝合。缝份2片一并锁边车缝处理，压向衣片侧明线车缝。
11 缝接绳带。侧边的绳带止缝于右侧边内侧的缝份。前开襟的左右绳带均重合于腰围前开襟内侧6cm止缝。

裁剪图

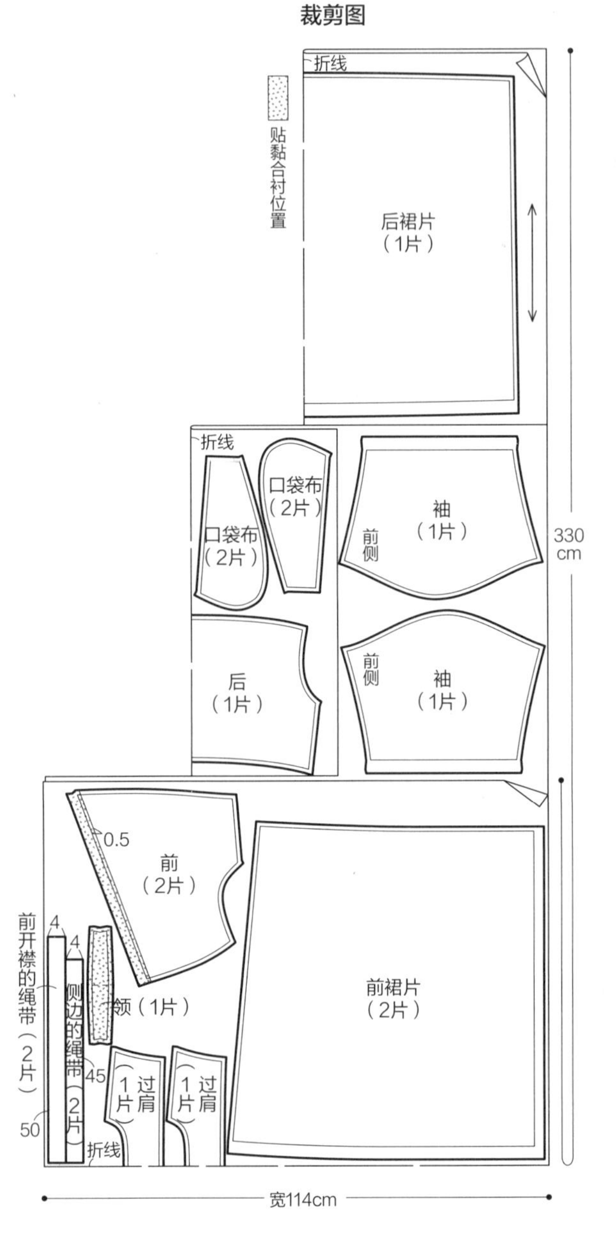

［缩褶方法］

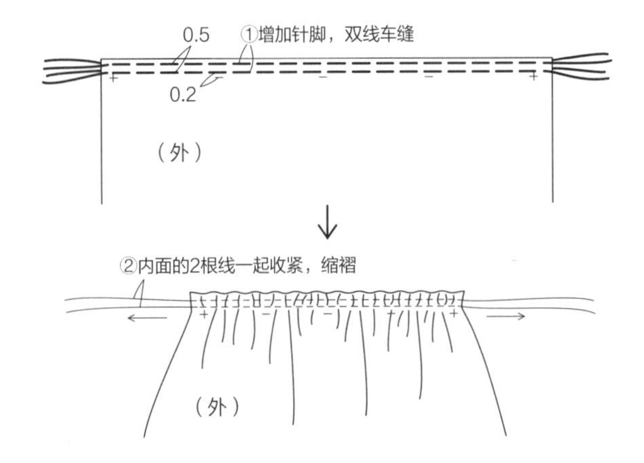

1 制作绳带

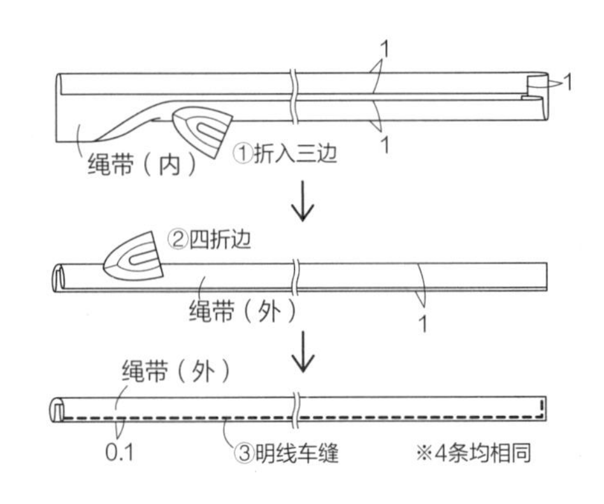

制作方法顺序

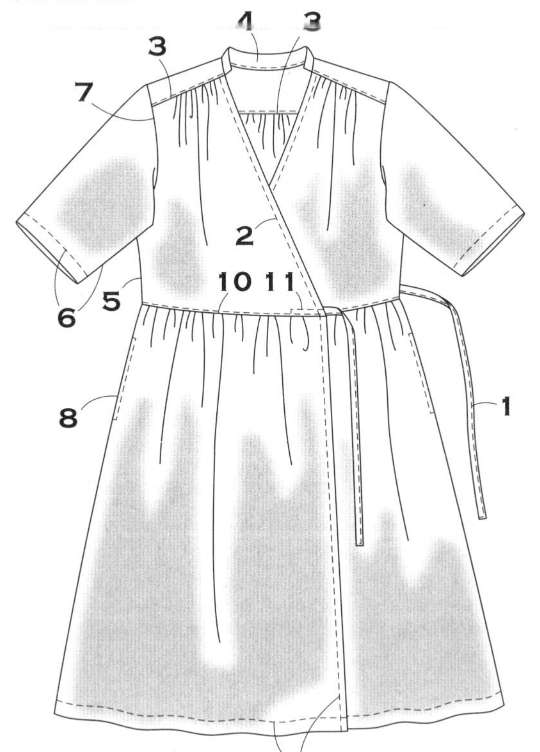

3 缝合衣片和过肩

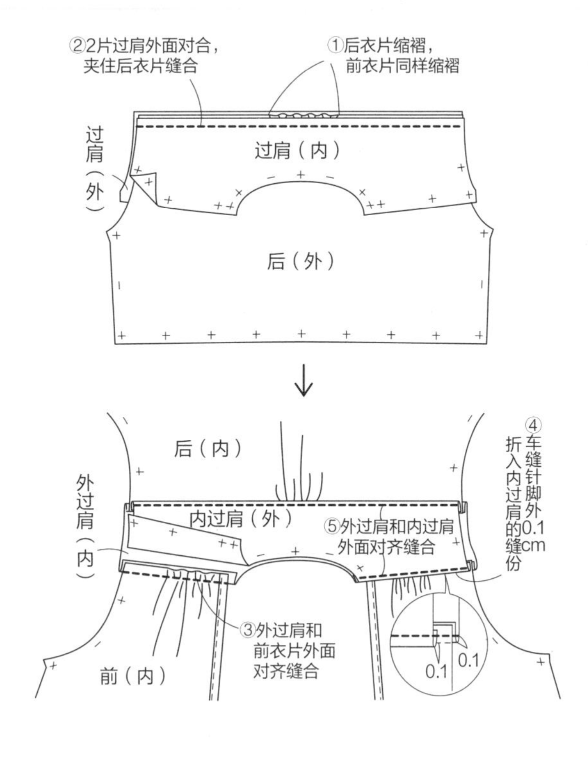

4 制作并缝接领子

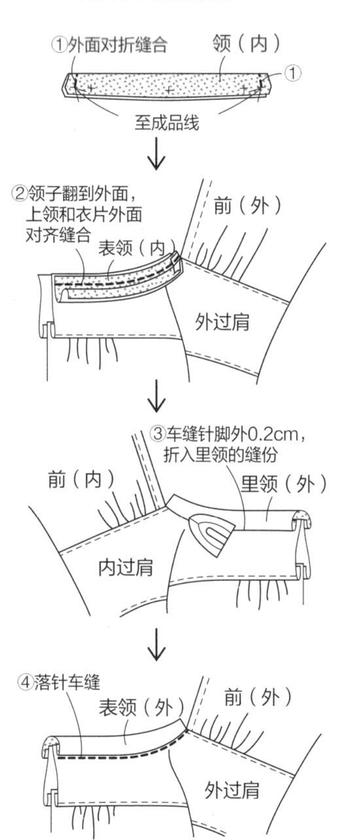

8 缝合裙片的侧边，制作口袋

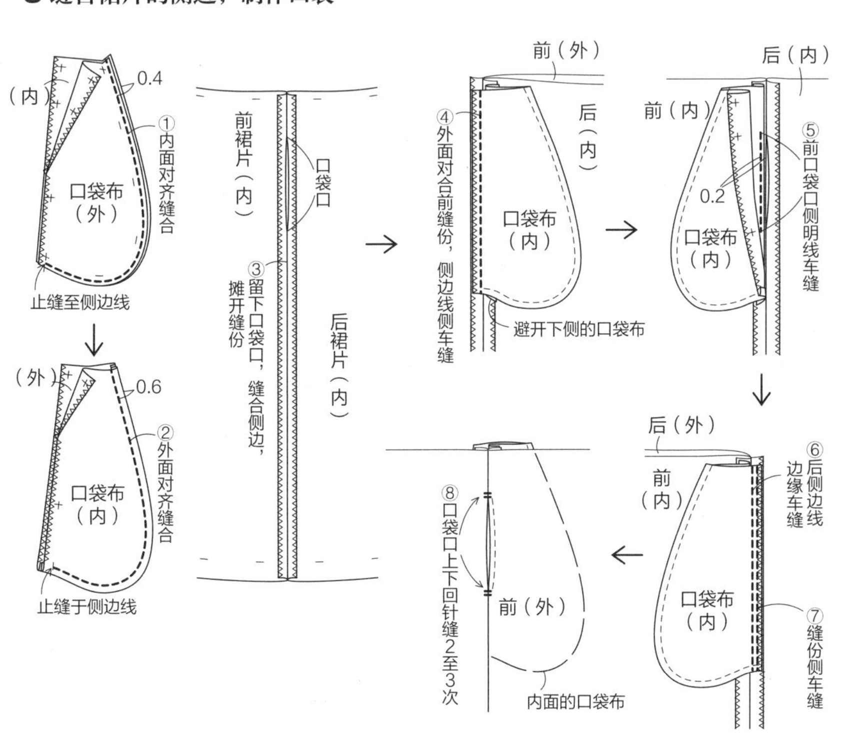

IV p.18 7 罩衫

✣ 纸型（1面F）
F后衣片 F前衣片·后过肩 F袖
✣ 成品尺寸（M~ML尺码）
胸围110cm 后衣长81cm 袖长56cm

材料

表布 洗旧亚麻布……宽112cm×150cm

制作方法顺序

1 前衣片开始的后过肩的左右后中心外面对齐缝合。缝份2片一并锁边车缝处理，压向右衣片侧明线车缝。
2 处理领窝。缝份三折边成0.5cm宽度，明线车缝。前中心的弧线部分拉伸缝份，三折边处理。
3 缝合过肩拼接线。前衣片开始的后过肩和后衣片外面对齐缝合。缝份2片一并锁边车缝处理，压向过肩侧明线车缝。
4 缝合侧边。缝份2片一并锁边车缝处理，压向后侧明线车缝。
5 处理下摆。缝份三折边成0.5cm宽度，明线车缝。
6 制作袖子。先缝合袖子，缝份2片一并锁边车缝处理，压向后侧。接着，袖口的缝份三折边成1.7cm宽度，明线车缝。
7 缝接袖子。缝份2片一并锁边车缝处理，压向袖侧。

裁剪图

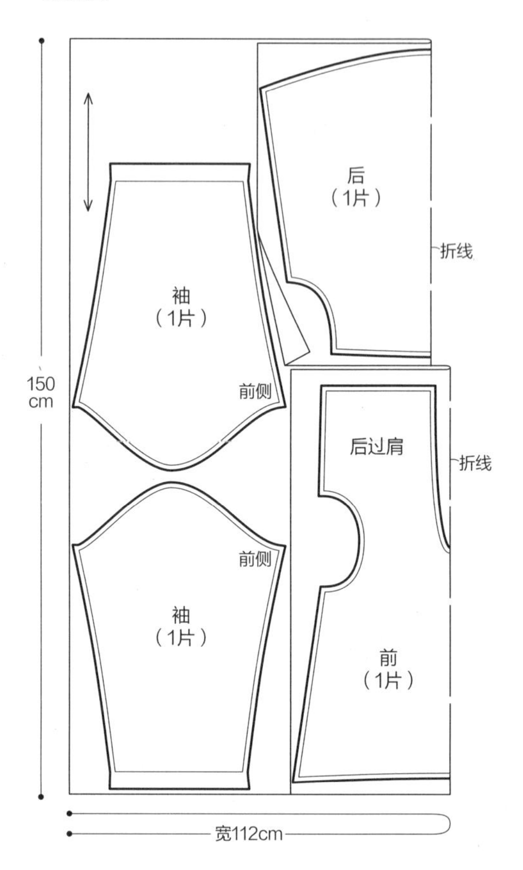

制作方法顺序

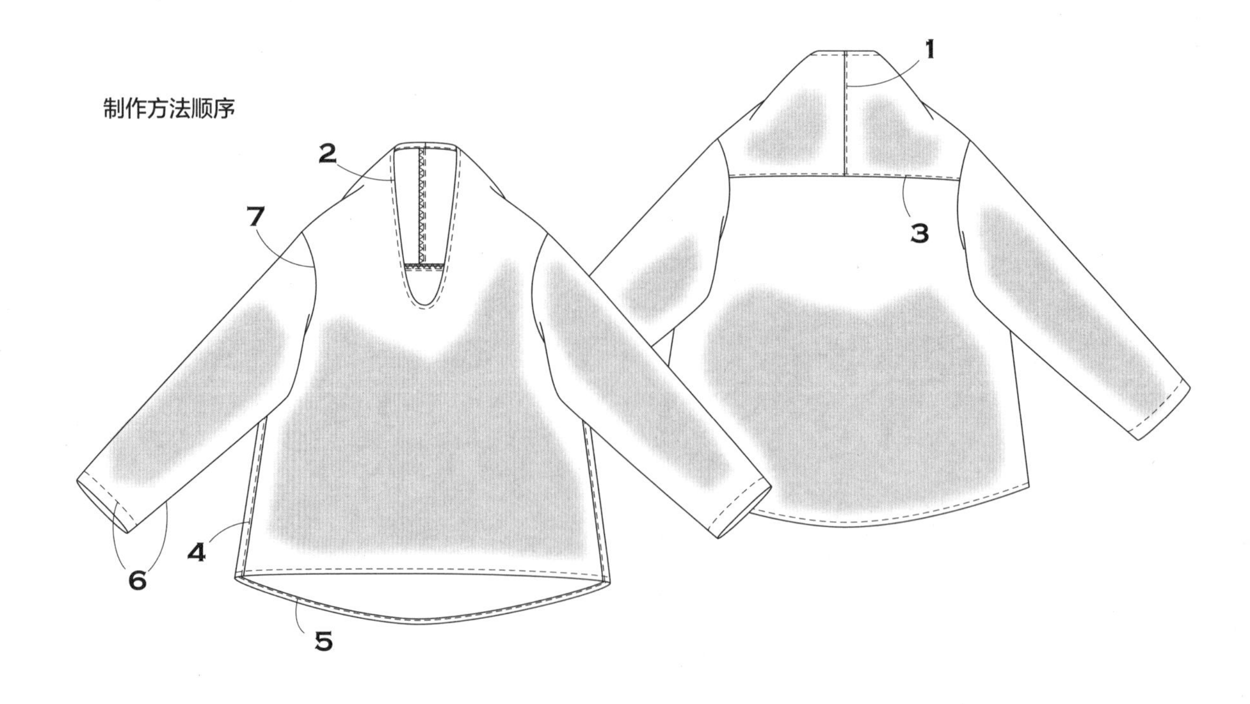

p.19 8 长罩衫

✣ 纸型（4面G）
G后衣片 G前衣片 G过肩 G前开襟贴边
G上领 G底领
✣ 成品尺寸（M~L尺码）
胸围157cm 衣长88cm

材料

表布 洗旧加工的棉平纹布……宽114cm×220cm
黏合衬……宽90cm×90cm
纽扣……直径1.3cm×9个

准备

前开襟、底领、上领的内面贴黏合衬。
上领仅贴1片，且贴黏合衬一片为里上领。

制作方法顺序

1 贴边缝接于前开襟。→图示
2 前衣片、后衣片的上端缩褶。→p.54
3 缝接过肩。缝边缝合后衣片和过肩、前衣片和过肩。缝份2片一并锁边车缝处理，压向过肩侧明线车缝。
4 制作领子。→p.49 但是，上领不用明线车缝。
5 缝接领子。→p.49
6 用斜裁布回针缝袖窿。→图示
7 缝合侧边。缝份2片一并锁边车缝处理，压向后侧明线车缝。
8 处理下摆。下摆侧缝份熨烫三折边成0.9cm宽度，明线车缝。
9 制作扣眼，缝接纽扣。底领为横扣眼，其他为纵扣眼。

裁剪图

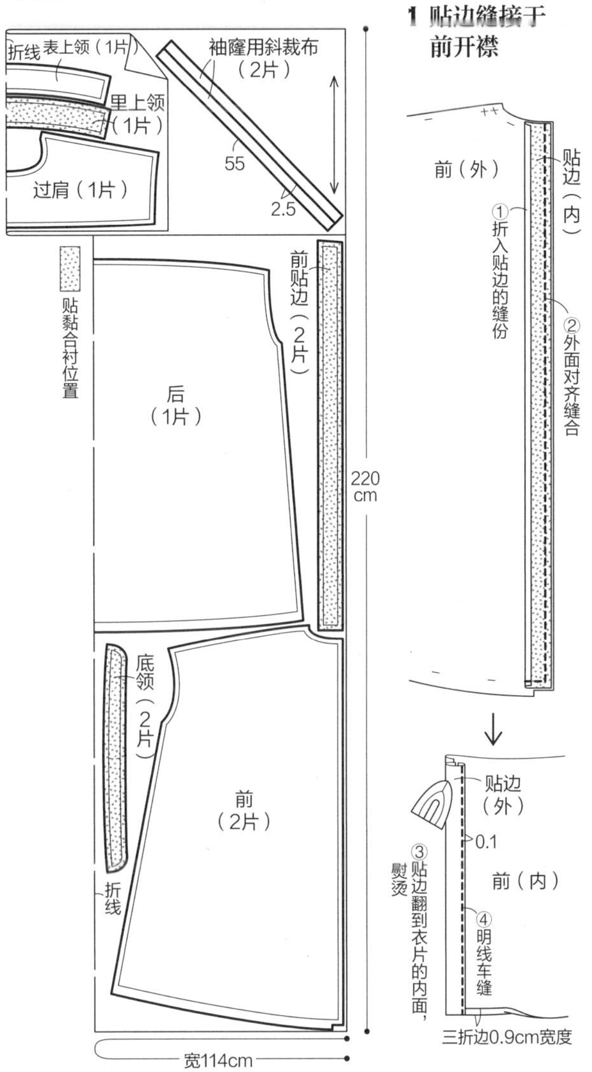

1 贴边缝接于前开襟

制作方法顺序

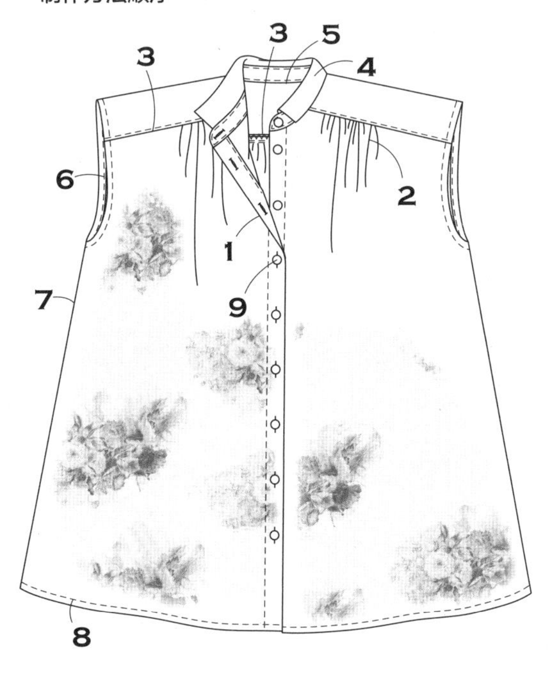

6 用斜裁布回针缝袖窿

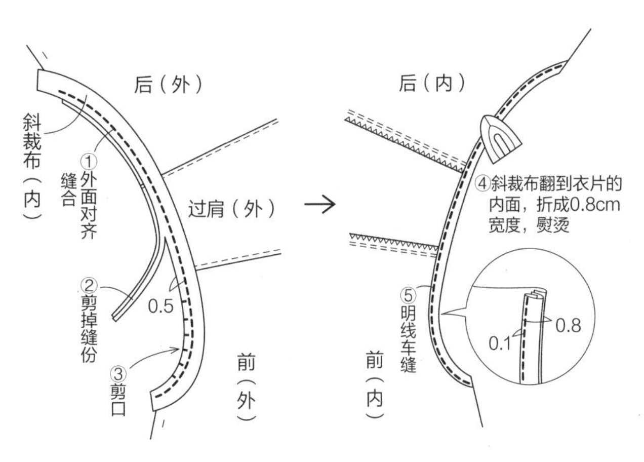

IV p.20 9 插肩袖罩衫

✣ 纸型（3面H）
H后衣片 H前衣片 H后袖 H前袖 H袖头 H领
✣ 成品尺寸（M~L尺码）
胸围105cm 衣长55.5cm 袖长约60cm

材料

表布 绵绸布……宽112cm×160cm
黏合衬……宽90cm×55cm
纽扣……直径1.8~2.2cm×5个

准备

领、前开襟缝份、袖头的内面贴黏合衬。
上领仅贴1片，且贴黏合衬一片为里领。

制作方法顺序

1 缝合前袖的细褶。缝份压向上侧，明线车缝。
2 缝合前袖和后袖。缝份2片一并锁边车缝，压向后侧双线明线车缝。
3 缝接袖子。分别缝合前衣片、后衣片与袖的插肩袖。缝份2片一并锁边车缝处理，分别压向衣片侧双线明线车缝。
4 连续缝合袖下至侧边。缝份2片一并锁边车缝处理，压向后侧明线车缝。
5 处理前开襟、下摆。→图示
6 袖口缩褶，缝接袖头。→图示
7 制作领子，2片外面对齐缝合四周（此时，两端在成品线位置止缝），翻到外面调整齐，领的中央周围明线车缝（位置参照实物等大纸型）。
8 缝接领子。→p.49
9 制作扣眼，缝接纽扣。

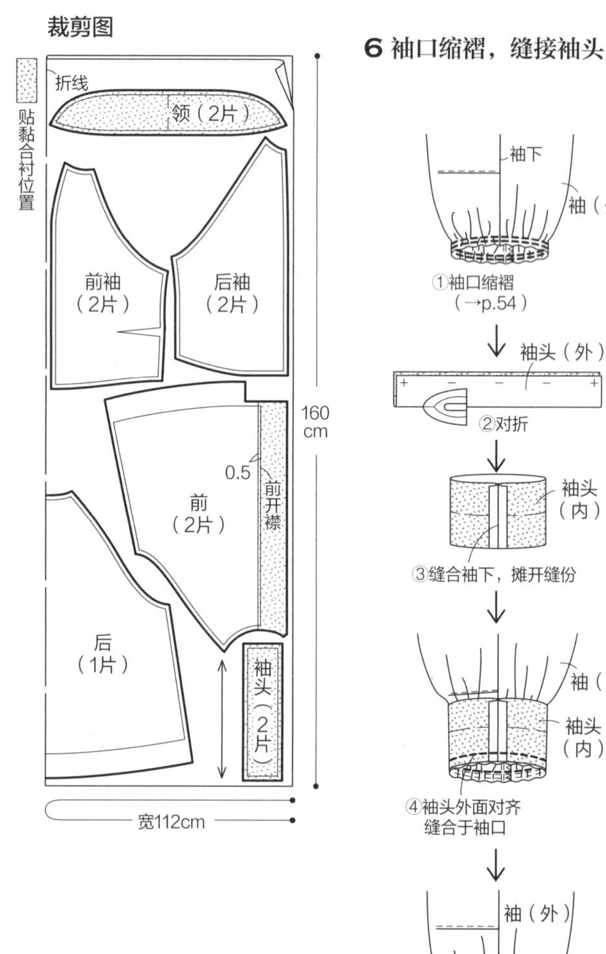

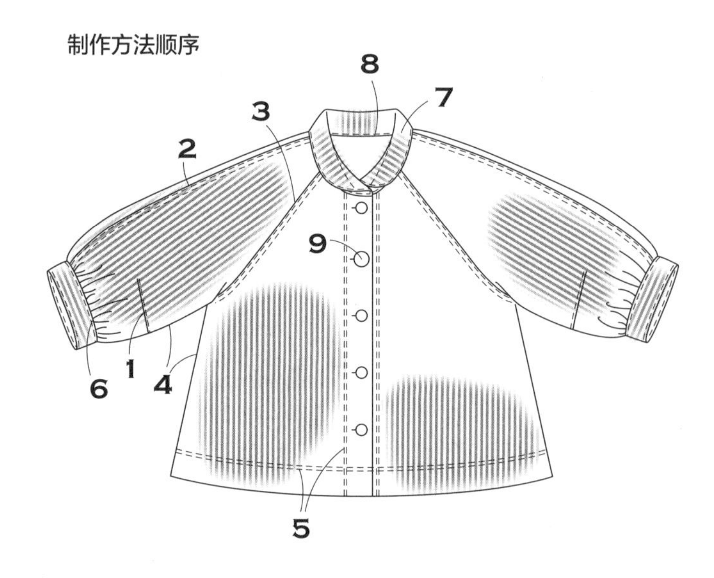

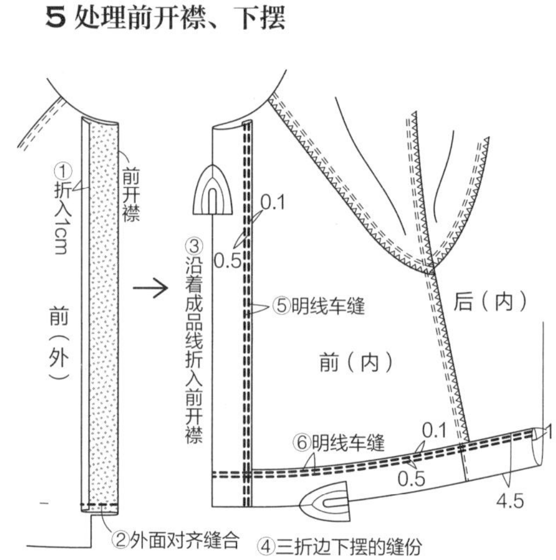

V p.28 **12 七分袖蓝染罩裙**

✣ 纸型（1面J）

J后衣片 J前衣片 J后过肩 J前过肩 J短条布 J袖

J袖口贴边

✣ 成品尺寸（M~L尺码）

胸围130cm 衣长100cm 袖长40cm

材料

表布 亚麻布……宽112cm×280cm

黏合衬……宽20cm×50cm

纽扣（包扣）……直径1.1cm×8个

准备

短条布的内面贴黏合衬。

制作方法顺序

1 布襻四折边成1cm宽度，明线车缝。

2 后衣片缩褶（→p.54），布襻夹入后中心，与后过肩缝合。缝份2片一并锁边车缝处理，压向过肩侧明线车缝。

3 折叠前衣片的细褶，与前过肩缝合。缝份2片一并锁边车缝处理，压向过肩侧明线车缝。

4 折叠前中心的细褶，制作短条布开衩。→p.78

5 处理下摆。前下摆、后下摆的缝份均折成0.5cm宽度，明线车缝。

6 缝合前衣片和后过肩。缝份2片一并锁边车缝处理，压向过肩侧明线车缝。

7 用斜裁布包住领窝，滚边处理（→p.65）。此时，布襻夹入缝合于后中心。

8 缝接袖子。缝份2片一并锁边车缝处理，压向衣片侧明线车缝。

9 缝合袖下至侧边，直至开衩止处。缝份2片一并锁边车缝处理，压向后侧明线车缝。后侧开衩止处下方的缝份三折边，明线车缝。

10 用贴边回针缝袖口。→图示

11 制作扣眼（纵扣眼），缝接纽扣。

10 用贴边回针缝袖口

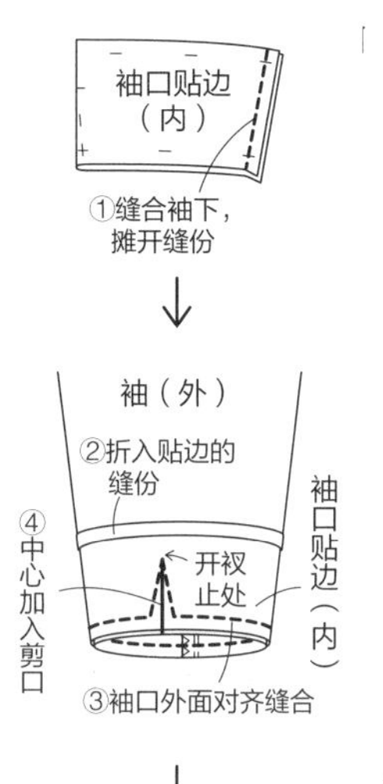

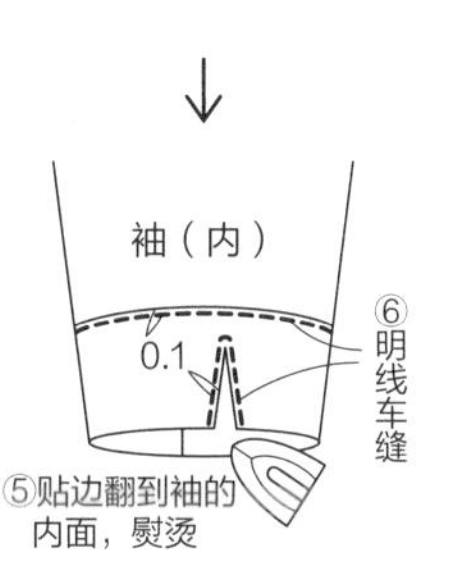

裁剪图

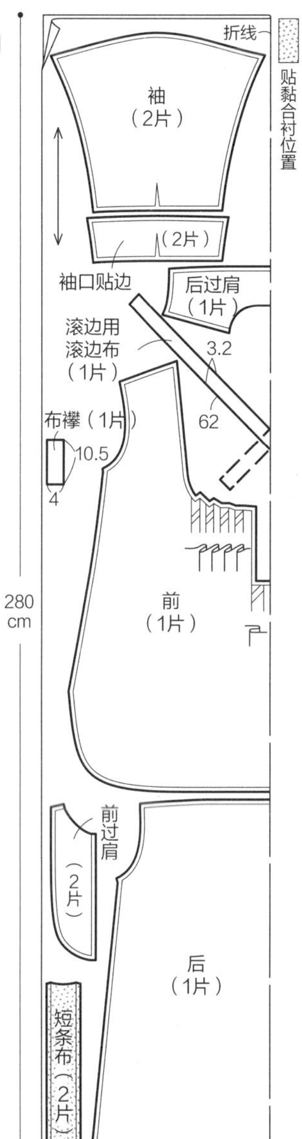

制作方法顺序

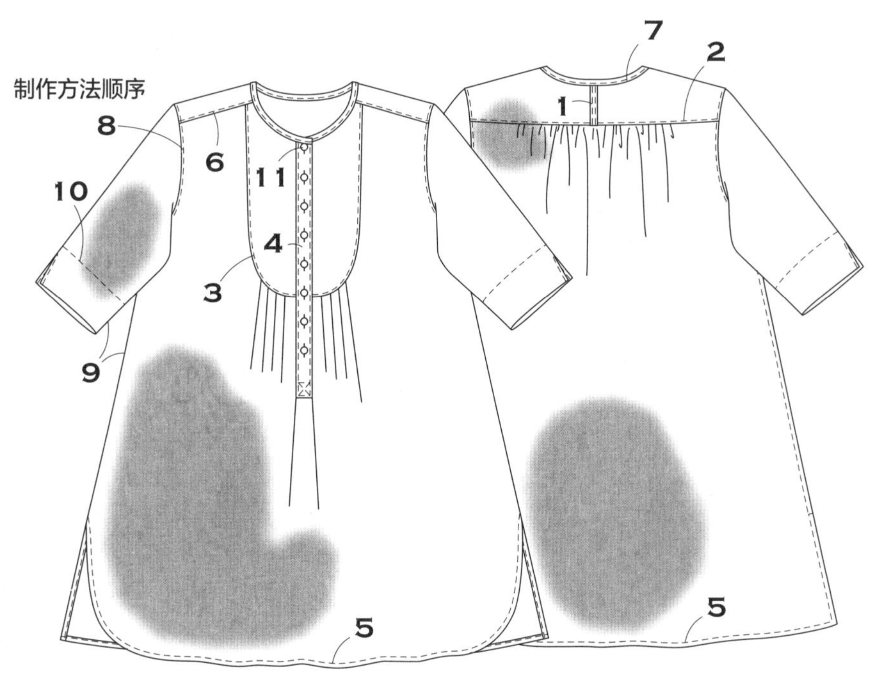

V p.26 10 背心裙

✣ 纸型

按制作图的方法，制作各布件的纸型。

制作图中不含缝份，裁剪布料时参考裁剪图，加上缝份裁剪。

✣ 成品尺寸（M~L尺码）

胸围113cm 衣长（后肩开始）82cm

材料

表布 薄亚麻布……宽110cm×160cm

纽扣……直径1.3cm×2个

松紧带……宽0.6cm×250cm

准备

后中心的开衩止处下方、肩、侧边的缝份锁边车缝。

制作方法顺序

1. 缝合后中心，制作开衩。→图示
2. 缝合肩部，摊开缝份。
3. 用贴边回针缝领窝，前领窝穿入松紧带。→图示
4. 缝合侧边，摊开缝份。
5. 用贴边回针缝袖窿。领窝按相同要领，用贴边回针缝贴边。缝合贴边的肩部和侧边时，侧边留缝松紧带穿口。
6. 制作并缝接口袋。→图示
7. 处理下摆。→图示
8. 袖窿穿入松紧带。从袖窿贴边的侧边的松紧带穿口处穿入62cm松紧带，松紧带端部重叠2cm止缝。
9. 对齐布襻位置，在右后开襟缝接纽扣。

制作方法顺序

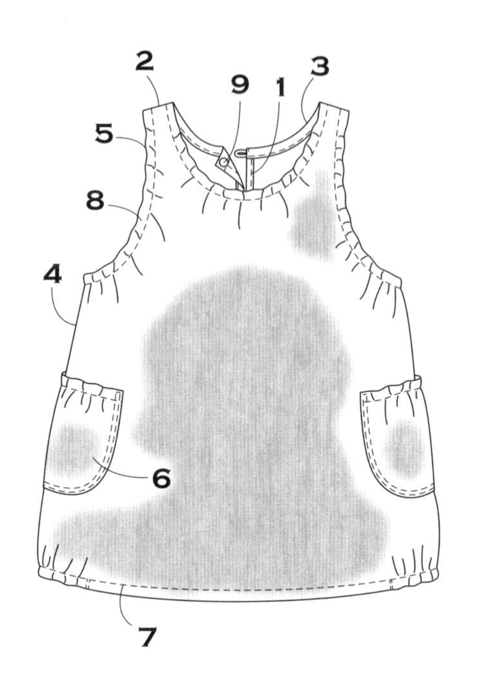

裁剪图

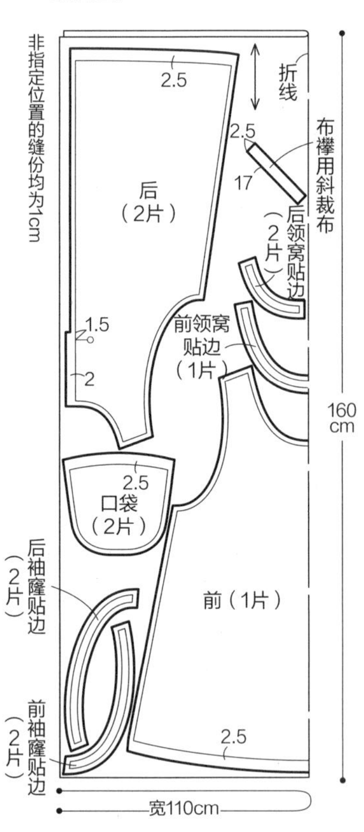

制作图

后衣片：10.5、5.2、2、9、2.8、0.8、1.5 贴边、5、9、5.7、10、6、13、布襻（左）、开衩止处、9.5、27、后中心、17.5、6、口袋位置、50.5、（穿入松紧带）、松紧带止缝位置、12、1.3、34.5、穿入松紧带

口袋：11、11、1、穿入松紧带、17、2、16.5

前衣片：穿入松紧带、1.5、5.3、14、15.7、5、1.5 贴边、4.5、9、8.5、6、穿入松紧带、10、14、29.5、17.5、10、前衣片、口袋位置、前中心折线、53.5、（穿入松紧带）、13、松紧带止缝位置、40

1 缝合后中心，制作开衩

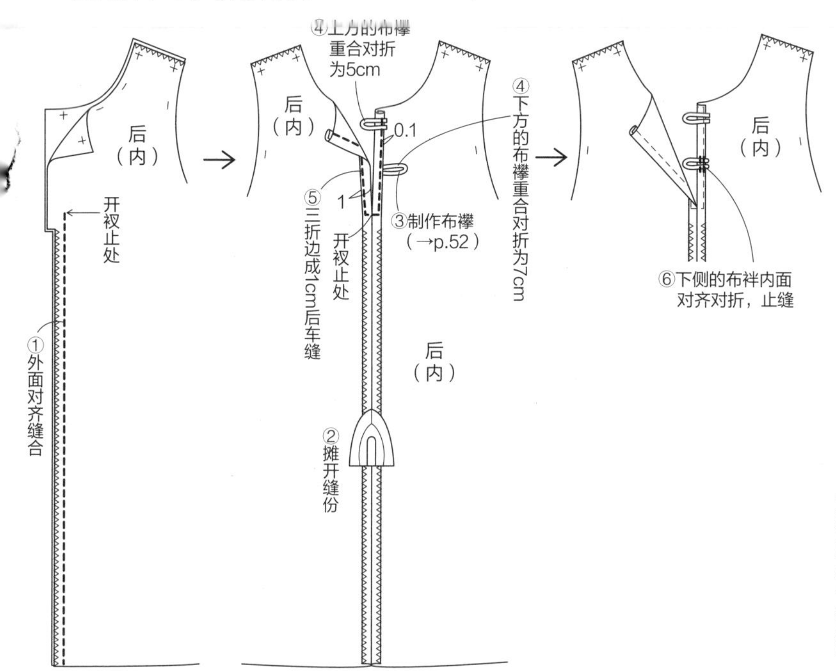

3 用贴边回针缝领窝，前领窝穿入松紧带

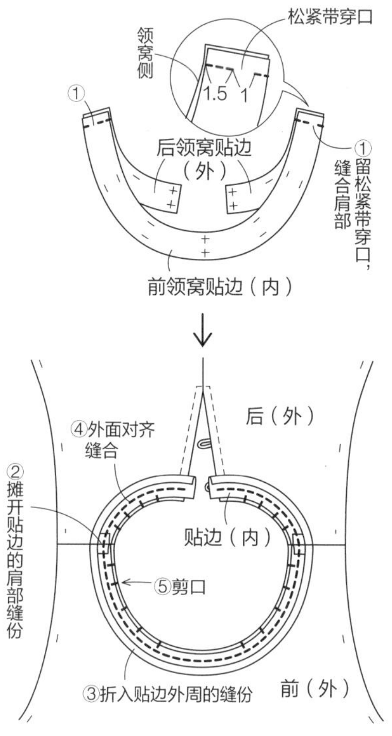

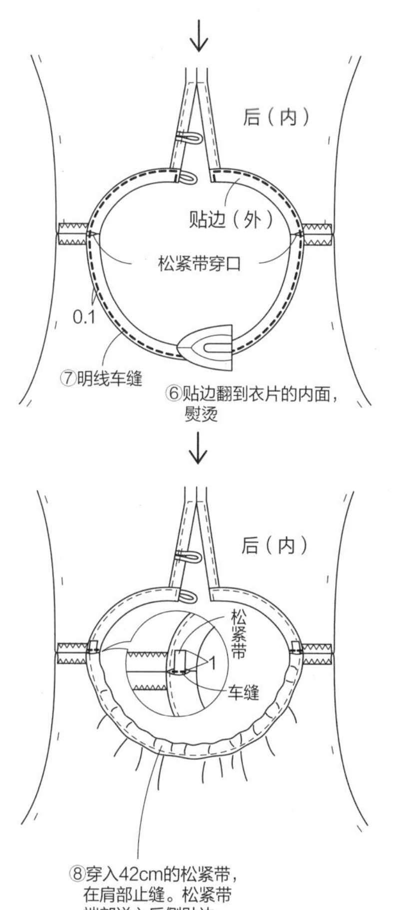

6 制作并缝接口袋

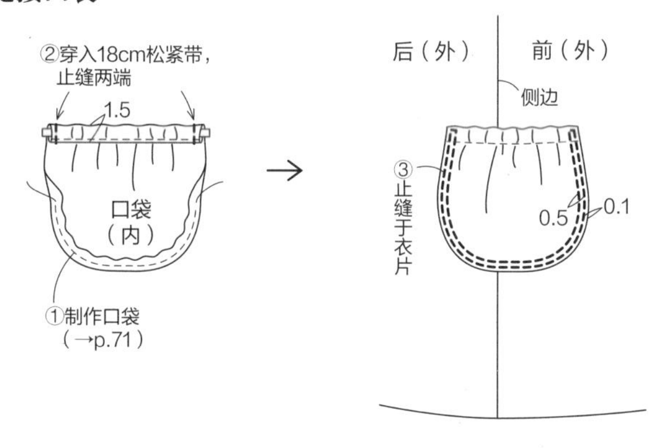

7 处理下摆

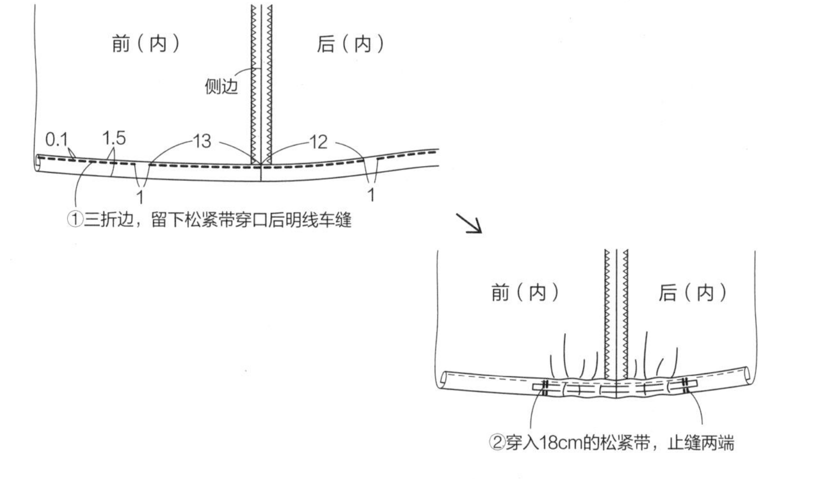

IV p.27 11 方领绣花连衣裙

✣ 纸型（2面I）
I后衣片 I前衣片 I袖 I后开襟贴边 I后过肩
I肩部过肩 I前过肩
✣ 成品尺寸（M~L尺码）
胸围104cm 衣长95.5cm 袖长64cm

材料

表布 薄棉布……宽110cm×240cm
花边A 麻（过肩用）……宽7.5cm×130cm
花边B 宽1cm×180cm
黏合衬……宽20cm×50cm
纽扣……直径1.3cm×6个

准备

后开襟贴边的内面贴黏合衬。
下端锁边车缝。

制作方法顺序

1 缝合细褶。→图示
2 缝合前衣片的省道，缝份压向上侧。
3 袖子缩褶，与衣片缝合。→图示
4 用花边A制作过肩。→图示
5 夹住花边B，过肩缝接于衣片和袖子。→图示
6 后中心制作开衩。→图示
7 连续缝合袖下至侧边。缝份2片一并锁边车缝处理，压向后侧明线车缝。
8 处理下摆。下摆的缝份三折边成2cm宽度，明线车缝。
9 处理袖口。袖口的缝份三折边成2cm宽度，明线车缝。接着，花边B明线车缝固定于袖口。
10 制作扣眼，缝接纽扣。

裁剪图

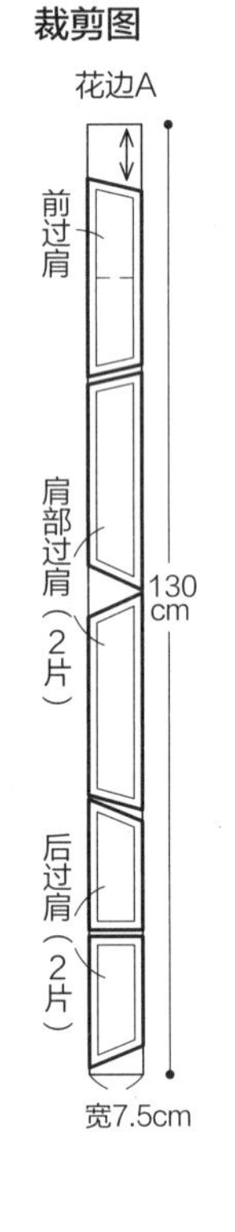

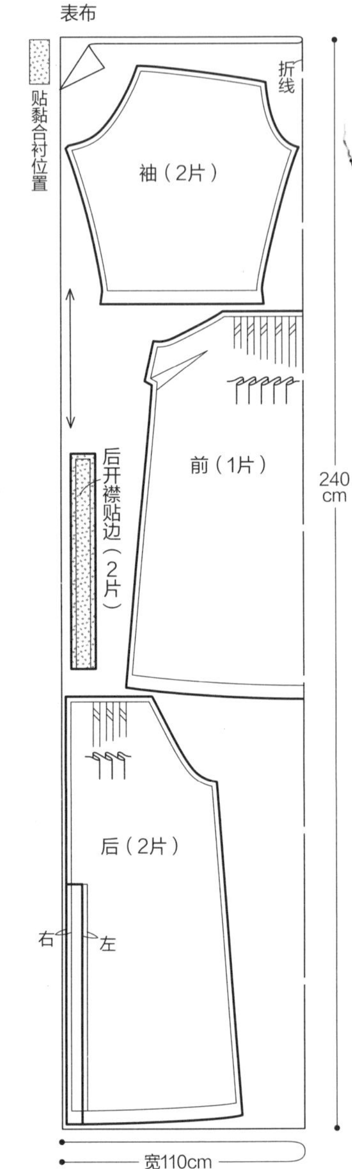

制作方法顺序

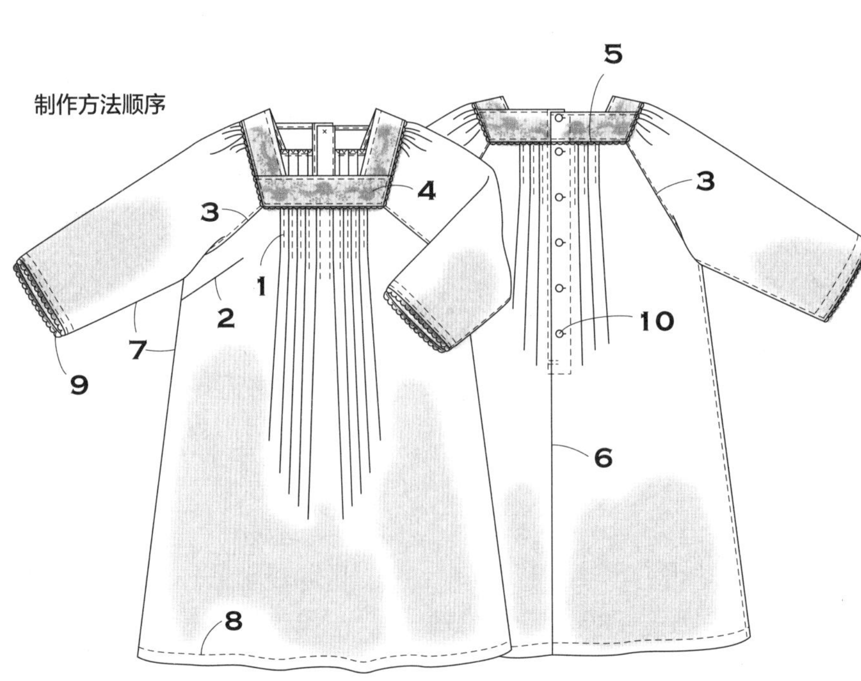

1 缝合细褶

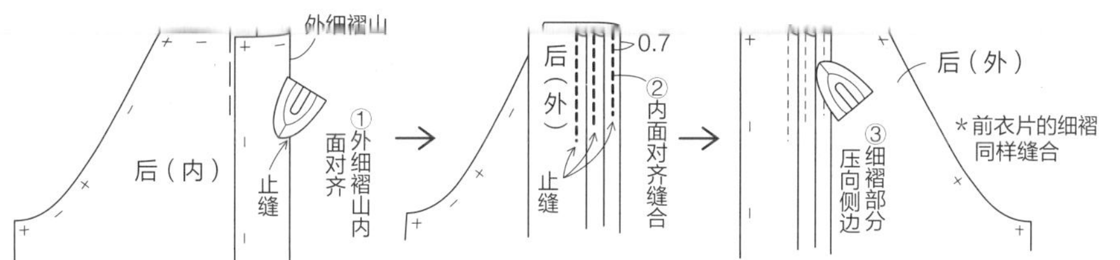

3 袖子缩褶，与衣片缝合

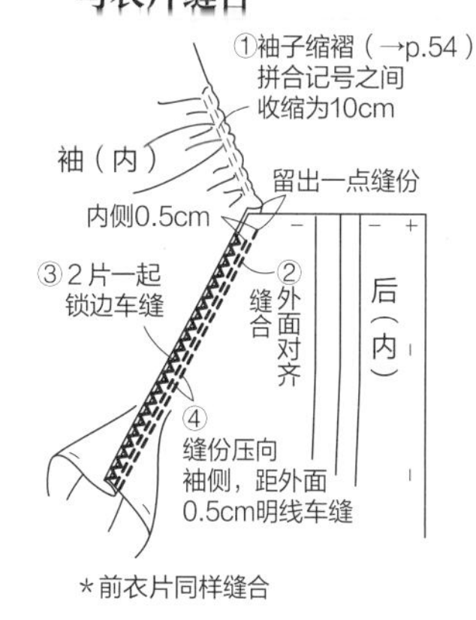

4 用花边A制作过肩

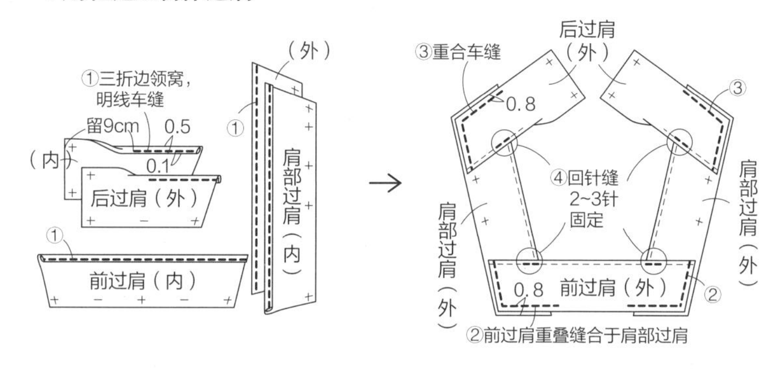

6 后中心制作开衩

5 夹住花边B，过肩缝接于衣片和袖子

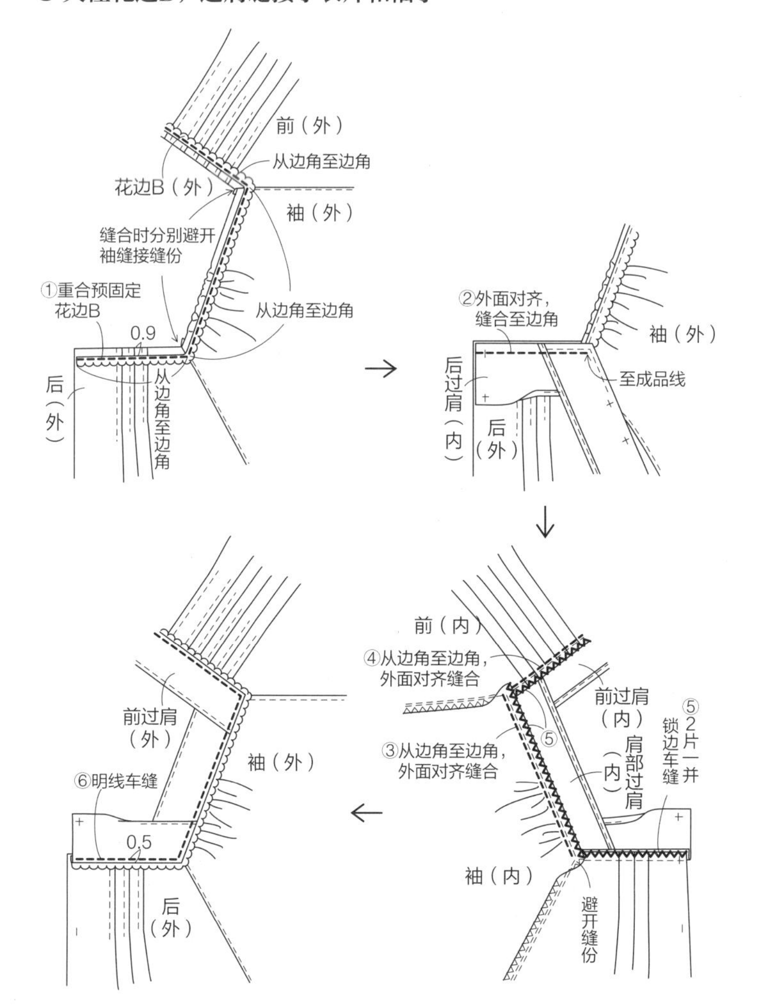

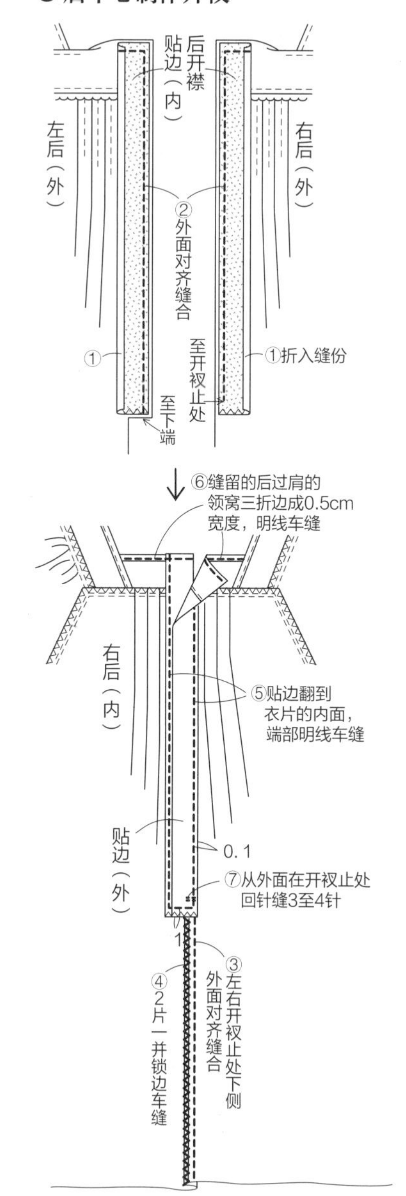

V p.30 13 罩衫

✣ 纸型

按制作图的方法，制作各布件的纸型。

制作图中不含缝份，裁剪布料时参考裁剪图，加上缝份裁剪。

✣ 成品尺寸（M～L尺码）

胸围121cm 衣长70.5cm 袖长44.5cm

材料

表布 棉纱···宽102cm×200cm

纽扣···直径1.3cm×1个

准备

后上衣片中心的缝份锁边车缝。

制作方法顺序

1 缝合后中心，制作开衩。→图示
2 缝合肩部。缝份2片一并锁边车缝处理，压向后侧。
3 滚边处理领窝。→图示
4 袖头缝接于袖口。→图示
5 制作并缝接口袋。→p.71
6 缝合上衣片和下衣片。前后下衣片的上端均缩褶（→p.54），与上衣片缝合。缝份2片一并锁边车缝处理，压向上衣片侧明线车缝。
7 缝合袖下至侧边。前后袖下至侧边外面对齐，从袖头的袖口连续缝合至衣片的下摆。缝份2片一并锁边车缝处理，压向后侧。
8 处理下摆。下摆的缝份三折边成1.5cm宽度，明线车缝。
9 对齐布襻位置，左后开襟缝接纽扣

裁剪图

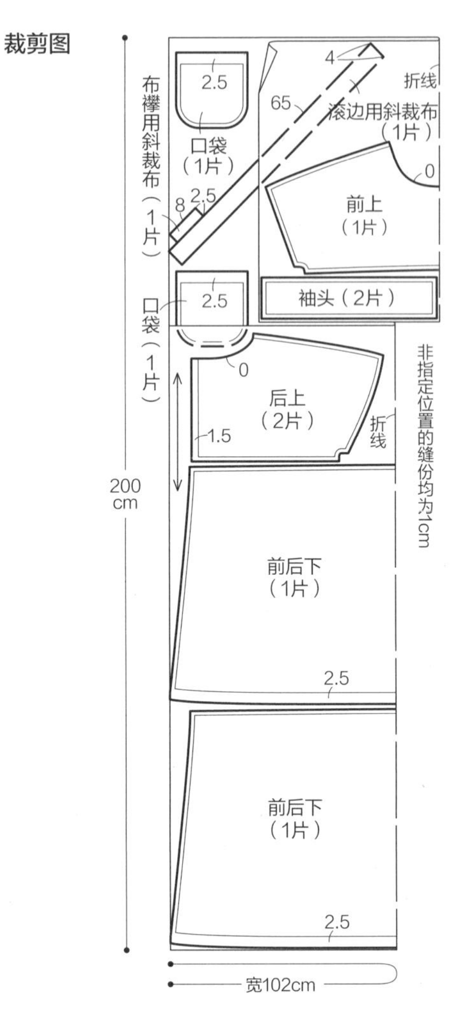

制作图

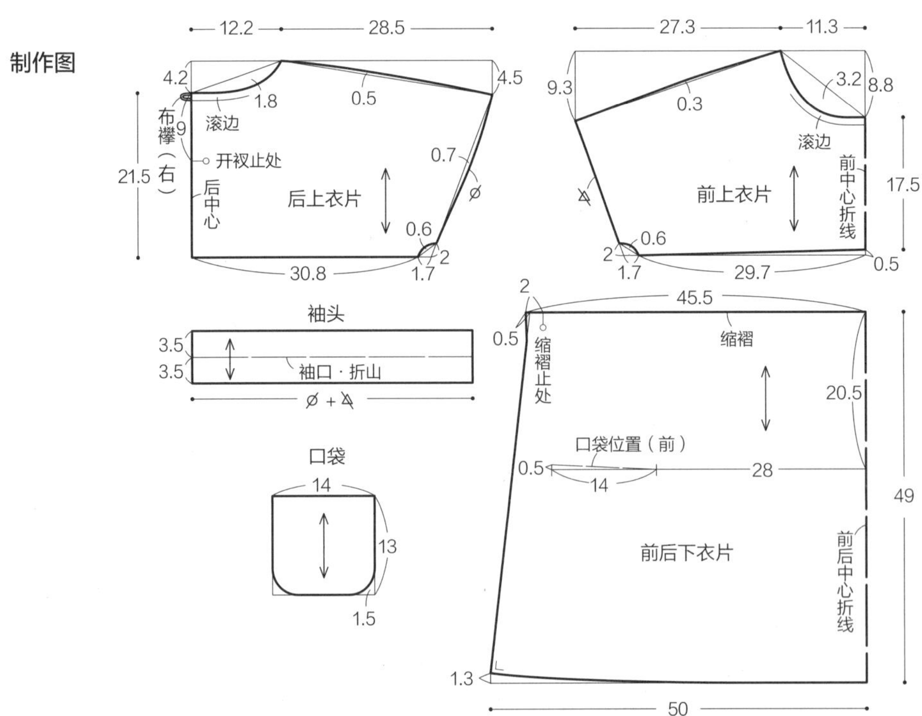

制作方法顺序

1 缝合后中心，制作开衩

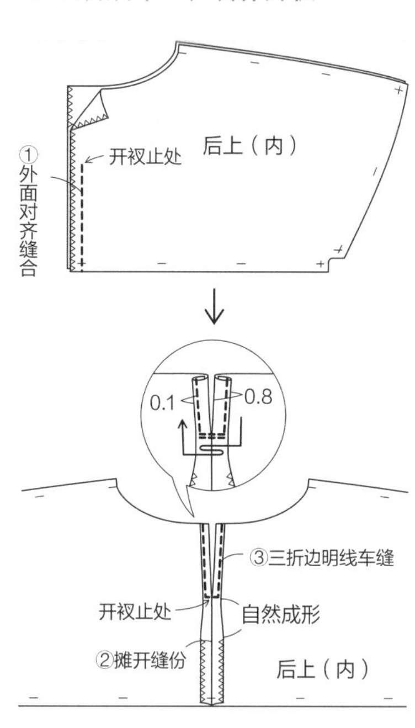

3 滚边处理领窝

4 袖头缝接于袖口

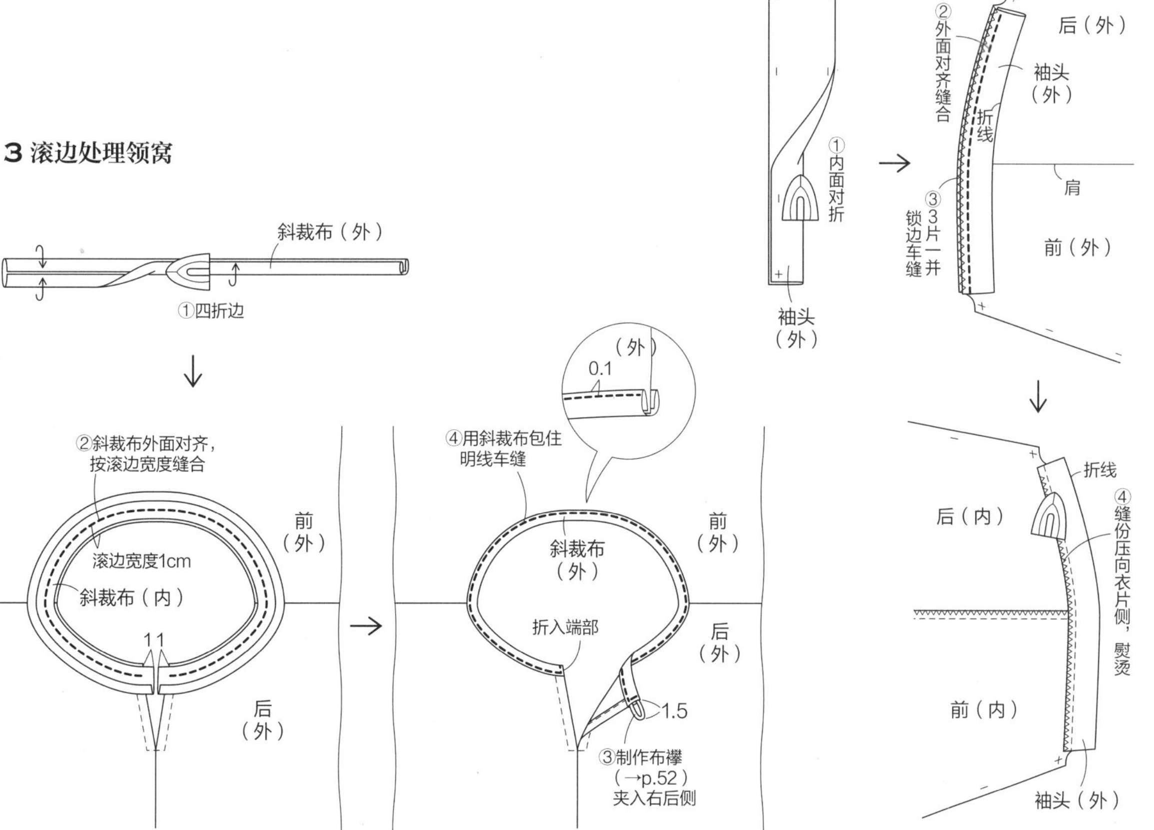

V p.31 14 吊带衫

✣ 纸型

按制作图的方法，制作各布件的纸型。

制作图中不含缝份，裁剪布料时参考裁剪图，加上缝份裁剪。

✣ 成品尺寸（M~L尺码）

胸围98cm 衣长（后肩开始）80cm

材料

表布 薄亚麻布……宽110cm×140cm

准备

侧边的缝份锁边车缝。

制作方法顺序

1 制作并缝接口袋。口袋口的缝份三折边成2cm宽度，明线车缝后折入剩余3边的缝份，前下衣片双线明线车缝固定。
2 制作前上衣片。→图示
3 前下衣片的上端均缩褶（→p.54），与前上衣片缝合。缝份2片一并锁边车缝处理，压向上衣片侧明线车缝。
4 处理后开襟。缝份三折边成1cm宽度，明线车缝。
5 滚边处理后领窝，制作绳带。→图示
6 滚边处理袖窿，制作肩带。→图示
7 缝合侧边，摊开缝份。袖窿的缝份侧固定车缝。
8 处理下摆。下摆的缝份三折边成1cm宽度，明线车缝。

裁剪图

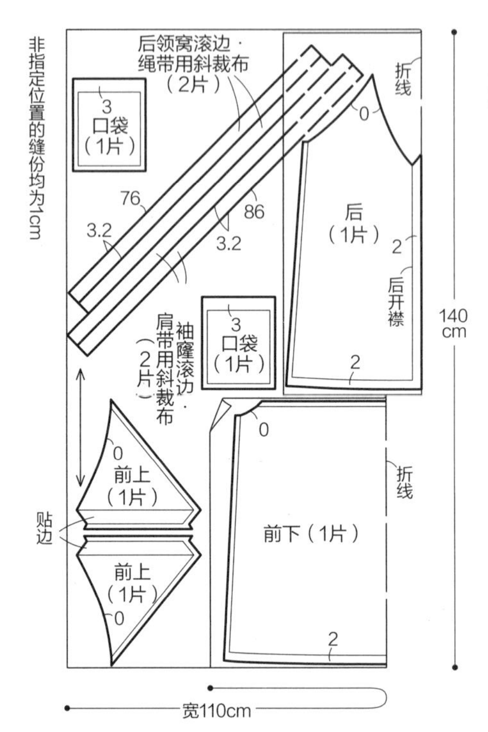

制作图

肩带
9
14.7
1.2
滚边
0.8
4.5
23.5
绳带
后衣片
52
后开襟
0.5
27
肩带
9.5
滚边
1.7
10
前中心
20
贴边3cm
前上衣片
21.7
7（重合部分）
3.5
32.5
2.3
缩褶
滚边
前下衣片
21
14
16.5
口袋
16
55
前中心折线
35

2 制作前上衣片

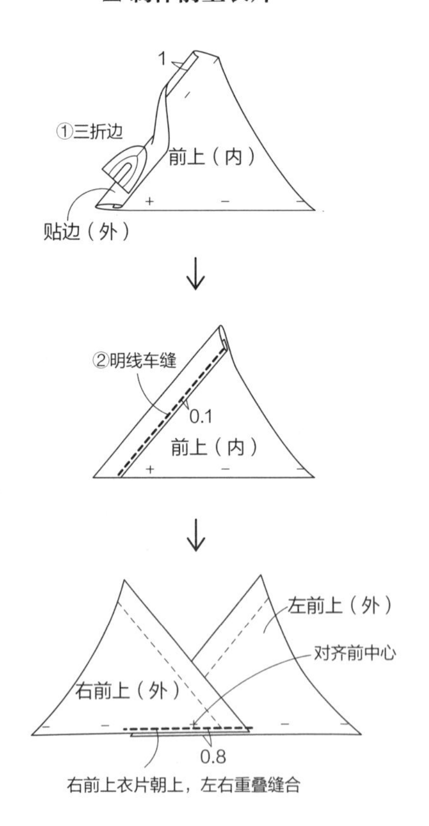

制作方法顺序

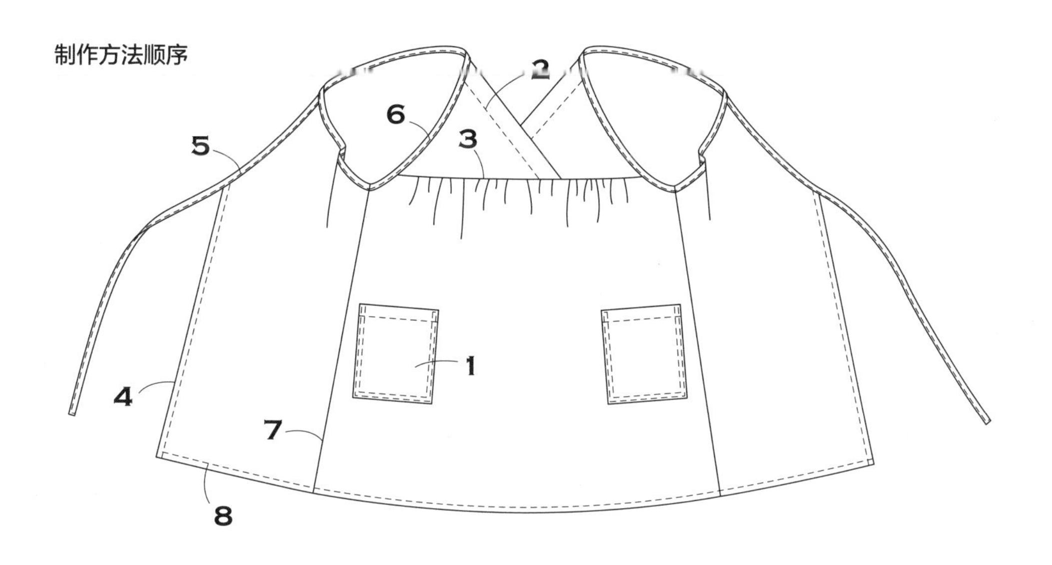

5 滚边处理后领窝，制作绳带

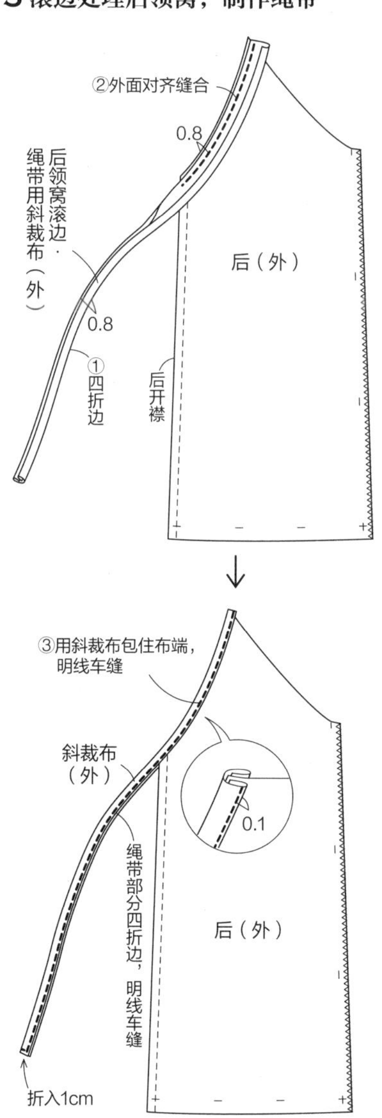

6 滚边处理袖窿，制作肩带

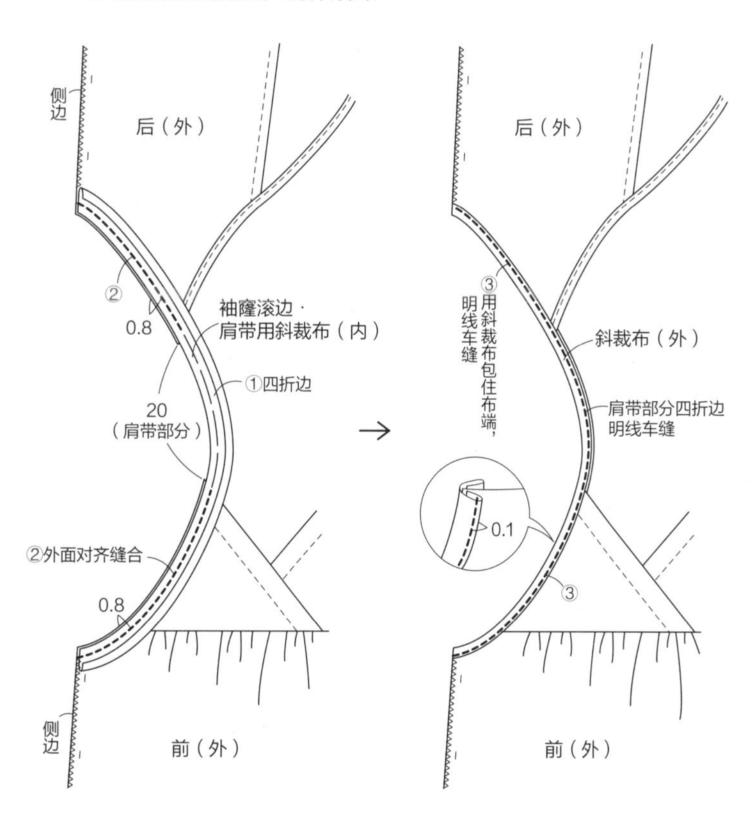

VI p.33 15 纽扣罩衫和连衣裙

✣ 纸型（纽扣罩衫2面K，连衣裙3面L）

纽扣罩衫……K后衣片 K前衣片 K袖 K领 K后领窝贴边
K前开襟贴边 K前下摆贴边 K口袋

连衣裙……L后衣片·前衣片 L前后裙片
L后领窝贴边·前领窝贴边 L前后袖窿贴边
L口袋布

✣ 成品尺寸（M~ML尺码）

纽扣罩衫……胸围105cm 衣长45.5cm 袖长40cm

连衣裙……胸围98cm 衣长（从肩部开始）110cm

材料

表布 棉麻纱……宽110cm×390cm
黏合衬 宽90cm×70cm
纽扣 直径1.5cm×3个

纽扣罩衫的准备

前开襟贴边、领的内面贴黏合衬。
上领仅贴1片，且贴黏合衬一片为里上领。
前后衣片的肩部和侧边、后衣片的下摆、袖下和袖口、前下摆贴边的上端锁边车缝。

纽扣罩衫的制作方法顺序

1 缝合肩部，摊开缝份
2 制作领子。2片一并锁边车缝，缝合外周，翻到外面调整齐。
3 缝合前下摆、前开襟及领窝，缝接领子。→图示
4 缝合侧边。前后侧边外面对合，连续缝合至前下摆的贴边，摊开缝份。
5 制作并缝接口袋，→p.71
6 制作袖子。缝合袖下，摊开缝份，袖口的缝份三折边成2.2cm宽度，明线车缝。
7 缝接袖子。缝份2片一并锁边车缝处理，压向袖侧。
8 缭缝下摆。
9 制作扣眼，缝接纽扣。

连衣裙的准备

各贴边的内面贴黏合衬。
衣片、裙片和口袋布的侧边、口袋布的下端、袖窿贴边的外周锁边车缝。

连衣裙的制作方法顺序

1 缝合肩部，摊开缝份。
2 用贴边回针缝领窝、袖窿。→图示
3 缝合衣片的侧边（至贴边），摊开缝份。
4 领窝、袖窿明线车缝。
5 缝合裙片的侧边，制作口袋。→图示
6 下摆三折边成1.5cm宽度，明线车缝。
7 折叠裙片的腰围细褶，缩褶。→p.54
8 缝合腰围。缝份2片一并锁边车缝处理，压向衣片侧明线车缝。

裁剪图

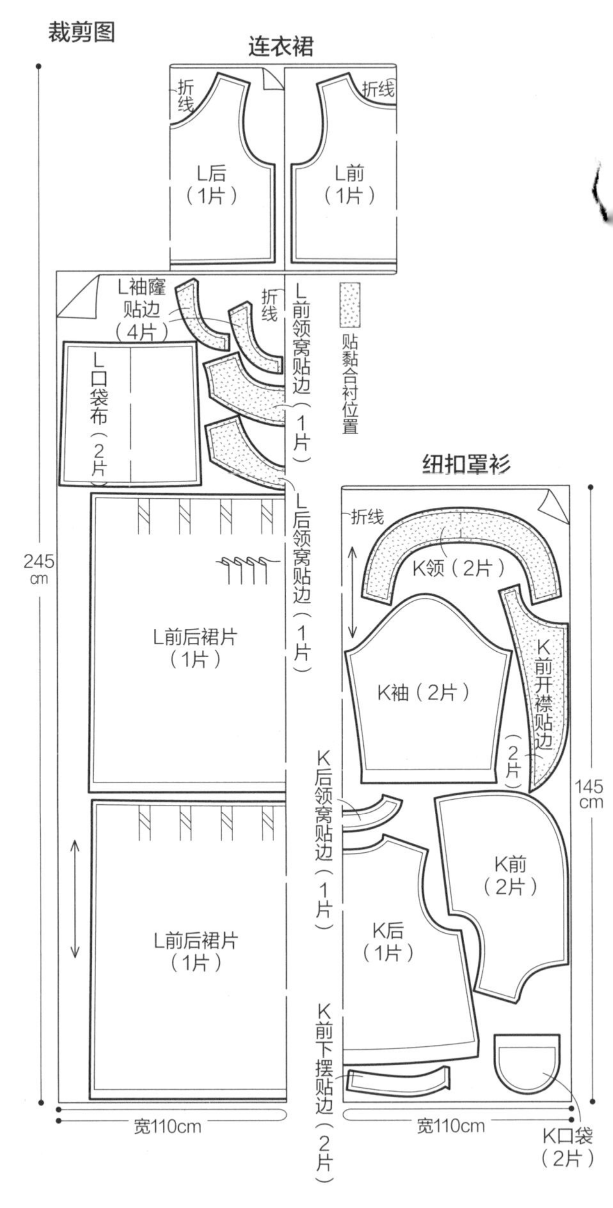

纽扣罩衫
制作方法顺序

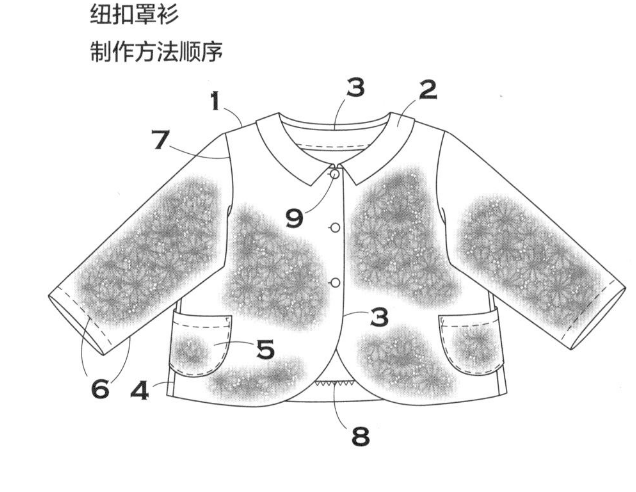

纽扣罩衫 **3** 缝合前下摆、前开襟及领窝，缝接领子

连衣裙

5 缝合裙片的侧边，制作口袋

连衣裙 **2** 用贴边回针缝领窝、袖窿

连衣裙

制作方法顺序

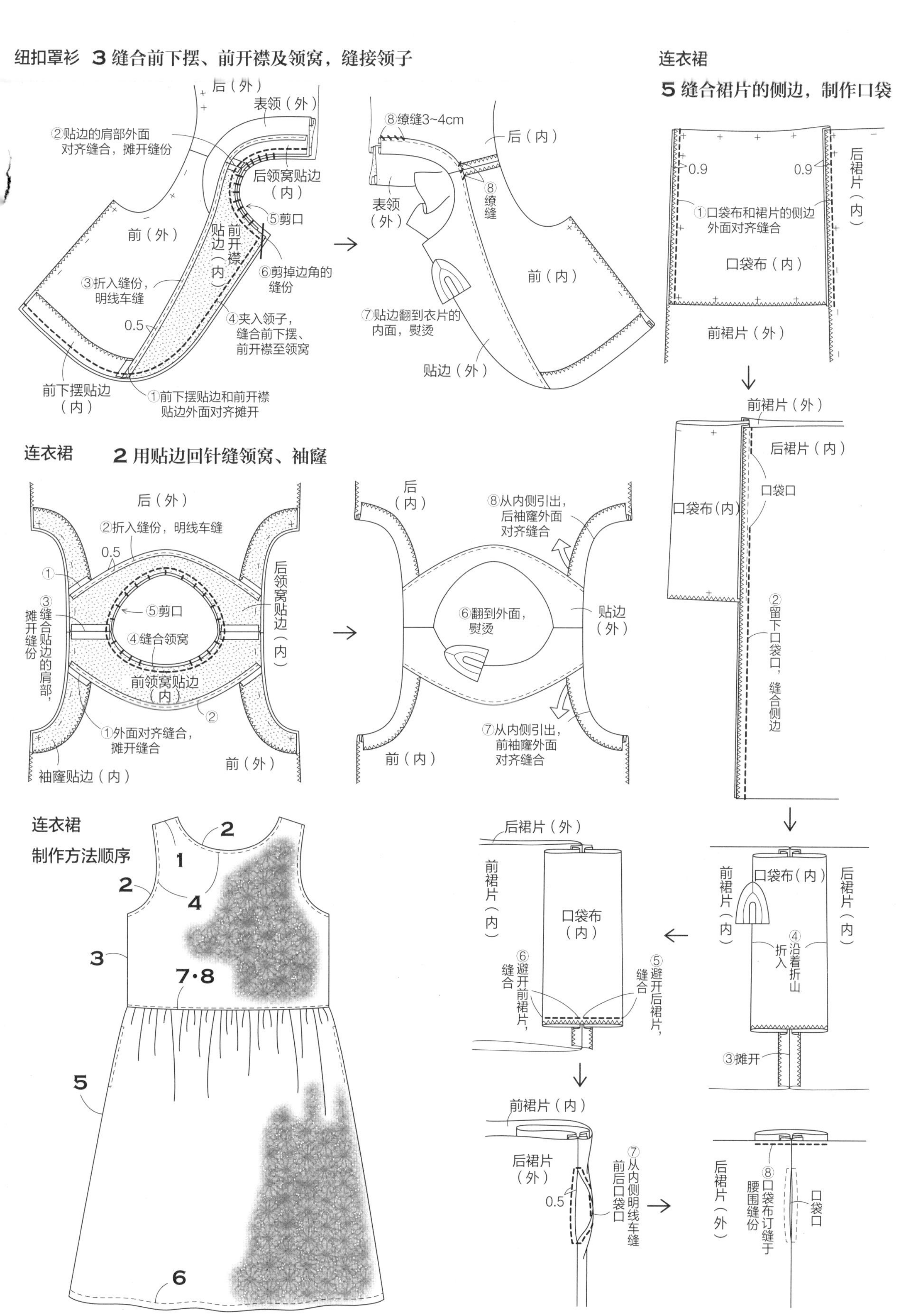

VII p.36 16 海军领罩衫

✣ 纸型（1面M）
M后衣片 M前衣片 M后过肩 M袖 M领 M口袋

✣ 成品尺寸（M~L尺码）
胸围128cm 衣长61cm 袖长78cm

材料

表布 洗旧加工的棉平纹布···宽110cm×220cm
黏合衬···宽90cm×50cm

准备

1片领的内面贴黏合衬，且贴黏合衬一片为里领。
侧边、袖下的缝份锁边车缝。

制作方法顺序

1 折叠后衣片的细褶，与后过肩缝合。缝份2片一并锁边车缝处理，压向过肩侧明线车缝。
2 处理下摆。缝份三折边成1cm宽度，明线车缝。
3 缝合肩部。缝份2片一并锁边车缝处理，压向过肩侧明线车缝。
4 制作领子。→图示
5 缝接领子。→图示
6 缝接袖子。缝份2片一并锁边车缝处理，压向衣片侧明线车缝。
7 缝合袖下至侧边，处理开衩。→图示
8 处理袖口。袖口的缝份三折边成2cm宽度，明线车缝。
9 制作并缝接口袋。→图示

裁剪图

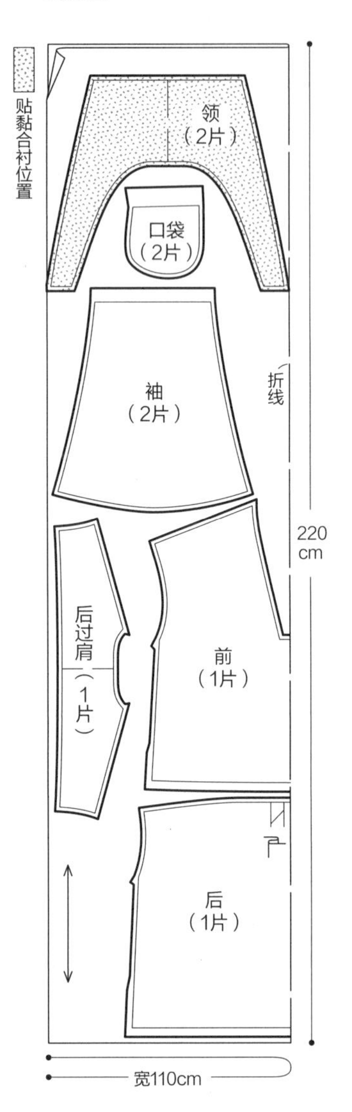

制作方法顺序

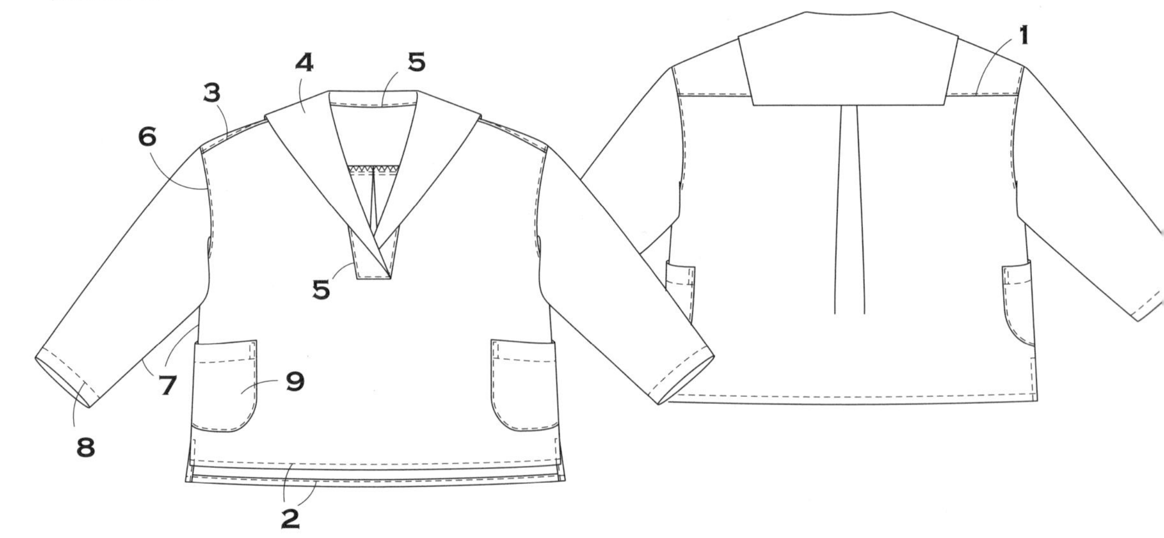

4 制作领子

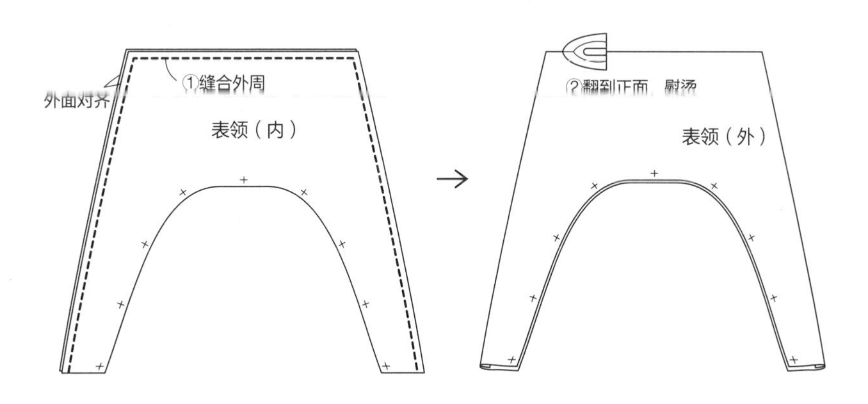

5 缝接领子

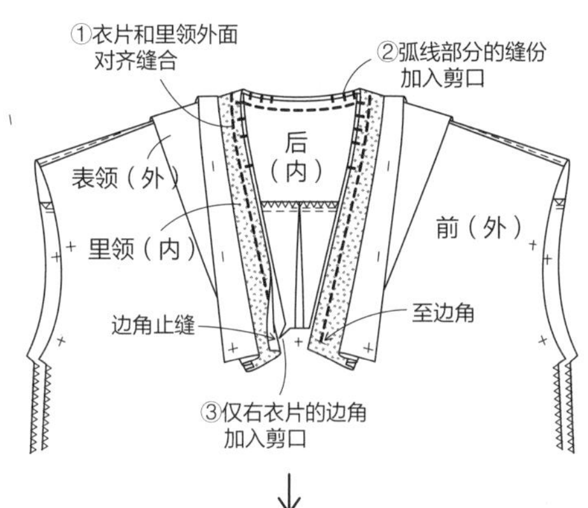

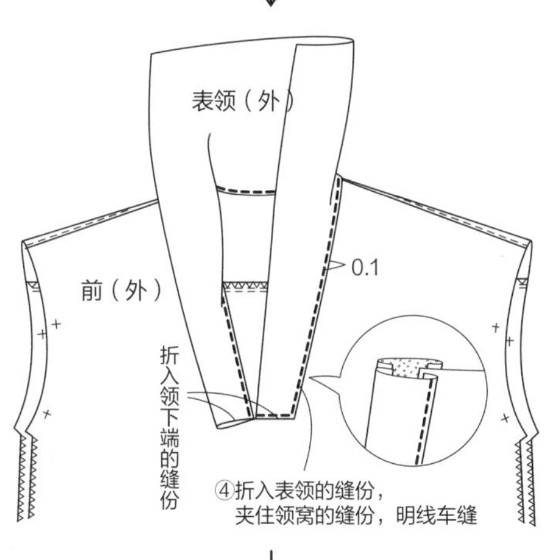

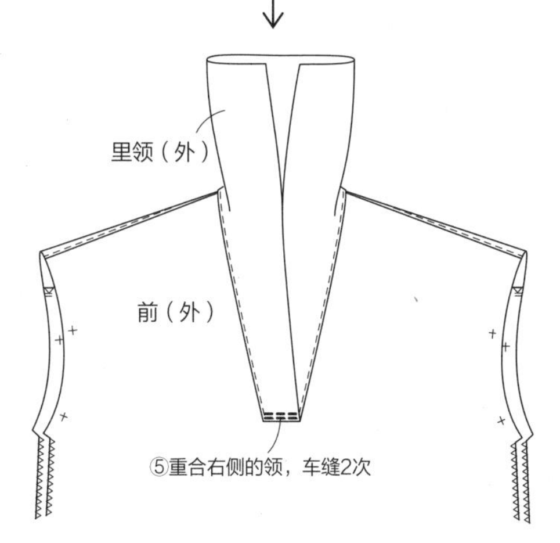

7 缝合袖下至侧边，处理开衩

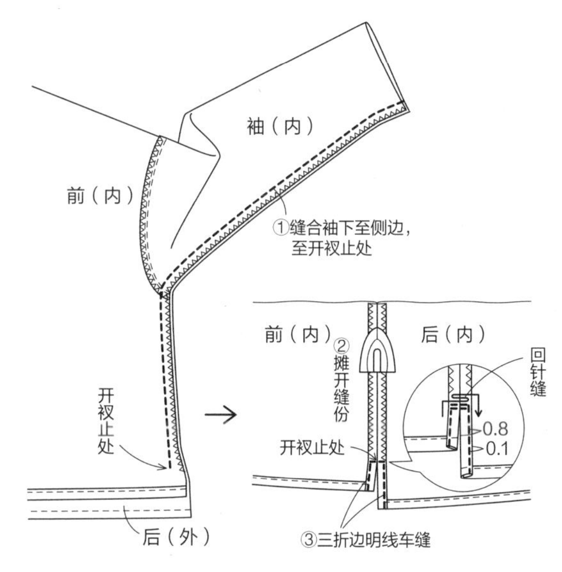

9 制作并缝接口袋

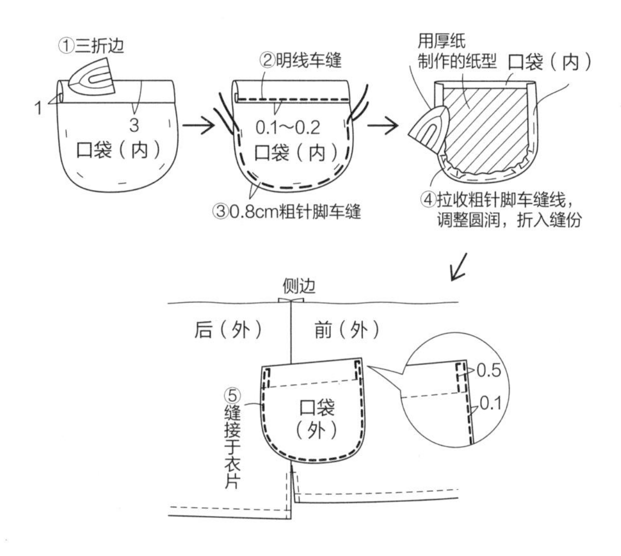

VII p.38 17 连帽罩衫

✣ 纸型（1面M）

M后衣片 M前衣片 M后过肩 M袖 M连帽 M口袋

✣ 成品尺寸（M~L尺码）

胸围128cm 衣长61cm 袖长78cm

材料

表布 棉麻布……宽112cm×230cm

准备

侧边、袖下的缝份锁边车缝。

制作方法顺序

1 折叠后衣片的细褶，与后过肩缝合。缝份2片一并锁边车缝处理，压向过肩侧明线车缝。
2 处理下摆。三折边成1cm宽度，明线车缝。
3 缝合肩部。缝份2片一并锁边车缝处理，压向过肩侧明线车缝。
4 制作连帽。→图示
5 缝接连帽。→p.71 5 缝接领子
6 缝接袖子。缝份2片一并锁边车缝处理，压向衣片侧明线车缝。
7 缝合袖下至侧边，处理开衩。→p.71
8 处理袖口。袖口的缝份三折边成2cm宽度，明线车缝。
9 制作并缝接口袋。→p.71

裁剪图

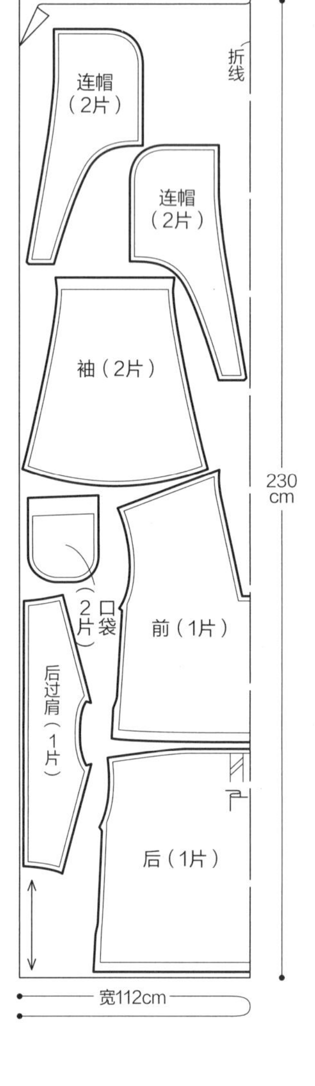

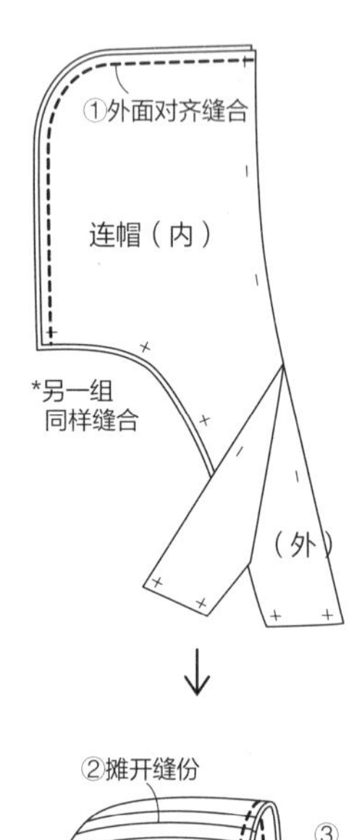

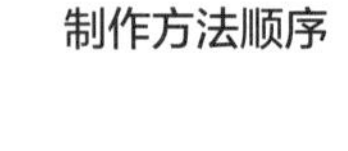

4 5 3 6 1 5 7 8 9 2

Ⅶ p.38 18 猴裤

✤ 纸型（O面N）

N后裤片 N前裤片 N后腰带 N前腰带

✤ 成品尺寸（M～L尺码）

臀围142cm 裤长97.5cm

材料

表布 亚麻布……宽112cm×230cm

松紧带 宽3cm适量

制作方法顺序

1 缝合侧边。缝份2片一并锁边车缝处理，压向后侧明线车缝。

2 缝合下裆。缝份2片一并锁边车缝处理，压向后侧。

3 处理下摆。下摆的缝份三折边成3cm宽度，明线车缝。

4 缝合裆部。左右裆部外面对齐，连续缝合前后裆部。缝份2片一并锁边车缝处理，压向左裤片侧明线车缝。

5 缝合腰带的侧边。前后腰带外面对齐，缝合两侧成环状。左侧边的里腰带侧留缝3cm松紧带穿口，摊开缝份。

6 缝接腰带。→图示

7 松紧带穿入腰带。试穿确定松紧带长度，松紧带端部重合2至3cm止缝。

裁剪图

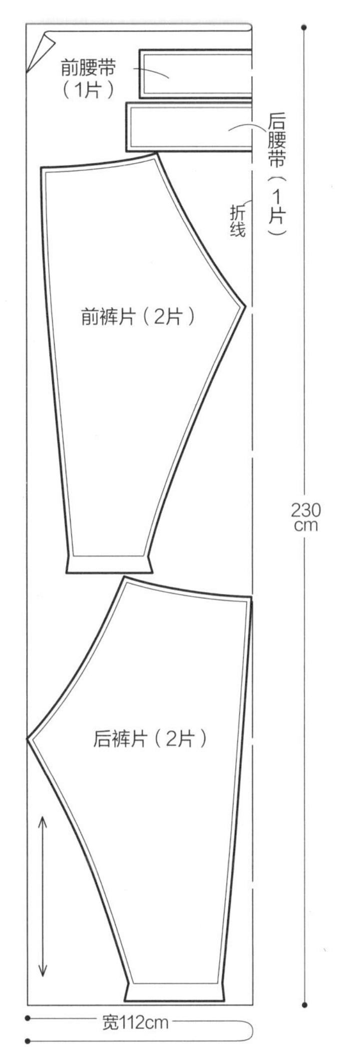

制作方法顺序

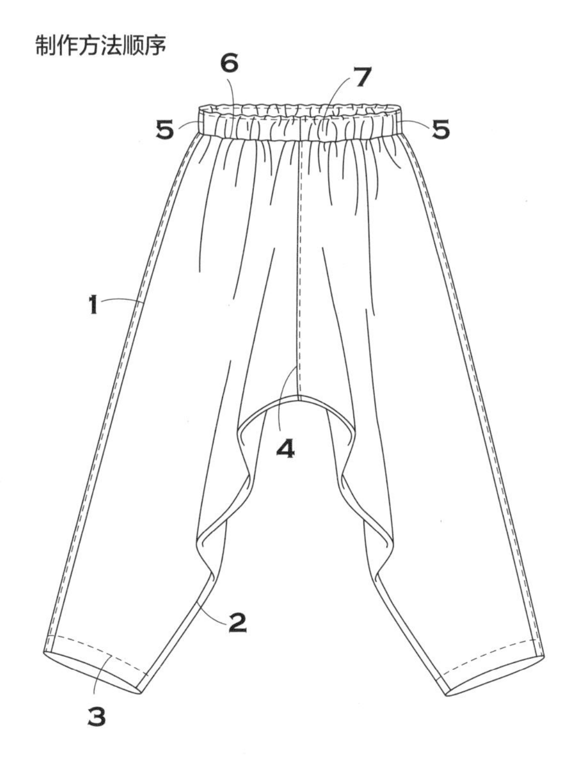

6 缝接腰带

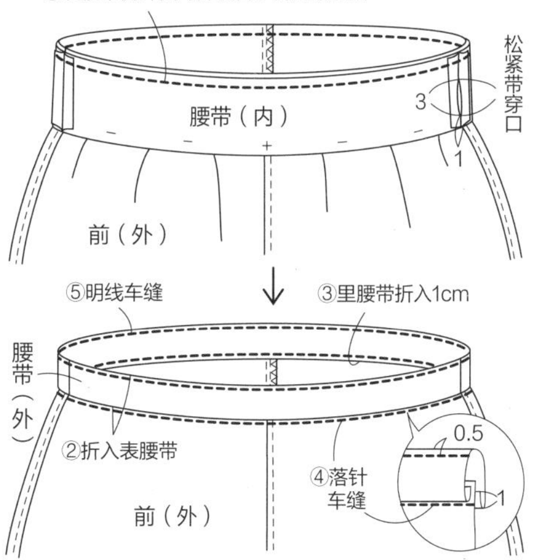

VII p.40 19 拼接裙

✣ 纸型

按制作图的方法，制作各布件的纸型。

制作图中不含缝份，裁剪布料时参考裁剪图，加上缝份裁剪。

✣ 成品尺寸（M～L尺码）

腰围下方9cm的臀围96cm 裙片长76cm

材料

表布 泡泡布……宽112cm×290cm

黏合布带 宽1.5cm×45cm

拉链 15.5cm×1根

松紧带 宽2.5cm适量

纽扣 直径1.5cm×1个

准备

后中心的拉链缝接位置的缝份贴黏合布带。

上层和中层裙片的后中心和侧边的缝份锁边车缝。

制作方法顺序

1 缝合上层和中层的裙片。前后中层均折叠细褶，与上层外面对齐缝合。缝份2片一并锁边车缝，压向上侧明线车缝。
2 缝合上、中层裙片的后中心，缝接拉链。→图示
3 缝合上、中层裙片的侧边，摊开缝份。
4 腰围的缝份三折边成3cm宽度，明线车缝。
5 缝合下层裙片的中心和侧边。缝份2片一并锁边车缝处理，对齐细褶方向，压向一侧。
6 下摆的缝份三折边成1cm宽度，明线车缝。
7 缝合中层和下层裙片。折叠下层的细褶，按步骤1相同要领缝合，明线车缝。
8 松紧带穿入腰围（→图示）。试穿确定松紧带长度。
9 制作并缝接腰带穿口。→图示
10 对齐右后端的布襻，左后端缝接纽扣。

裁剪图

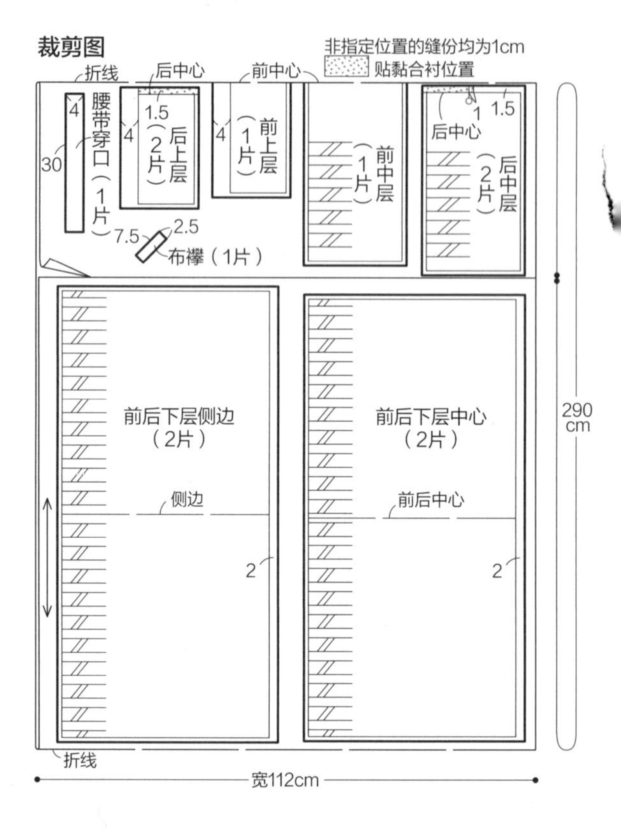

制作图

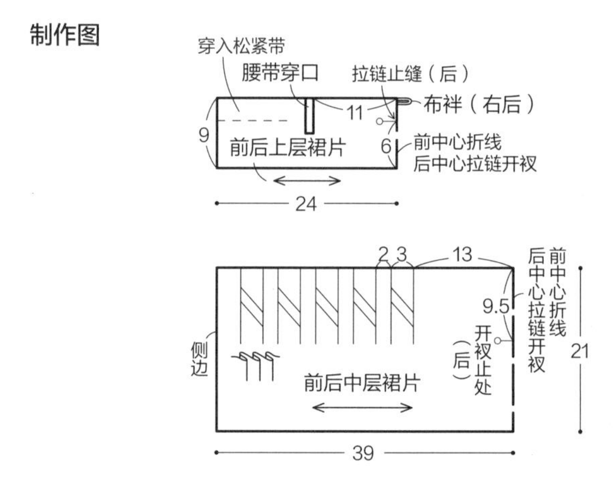

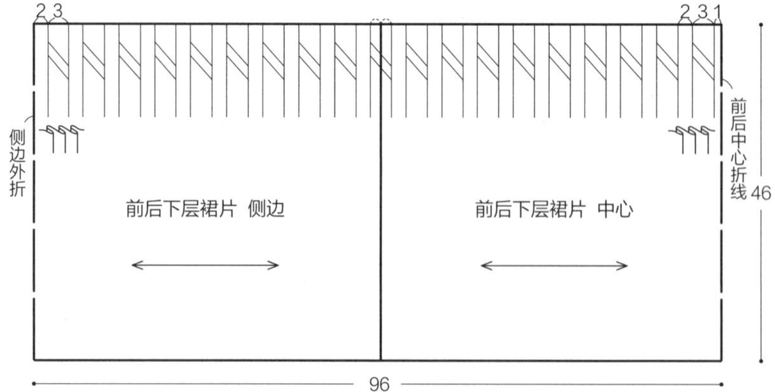

制作方法顺序

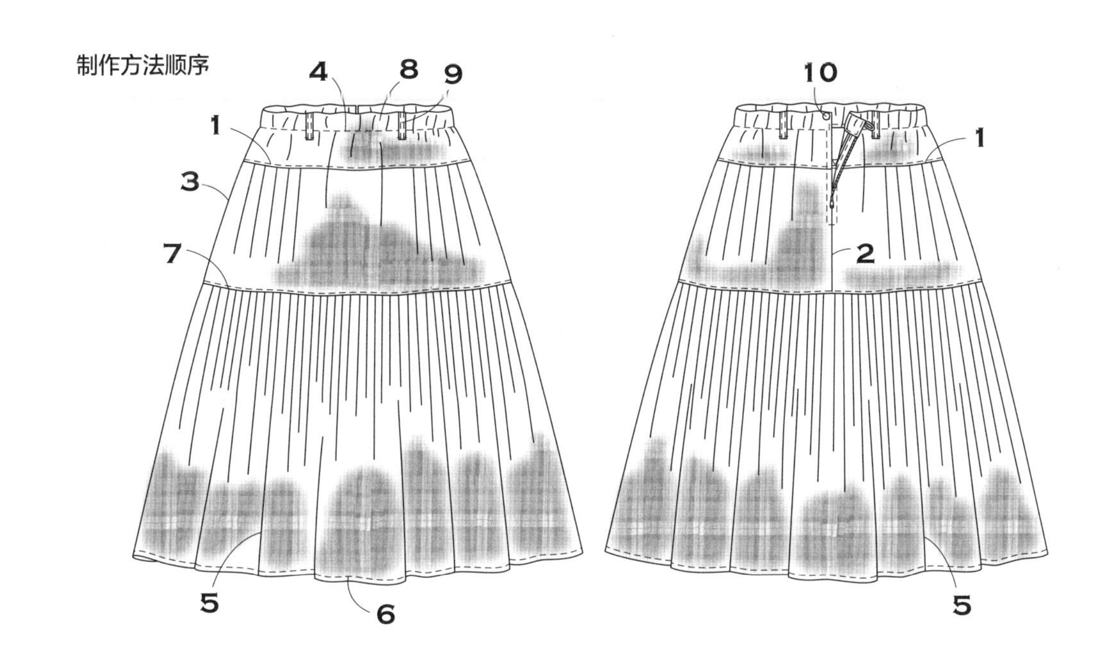

2 缝合上、中层裙片的后中心，缝接拉链

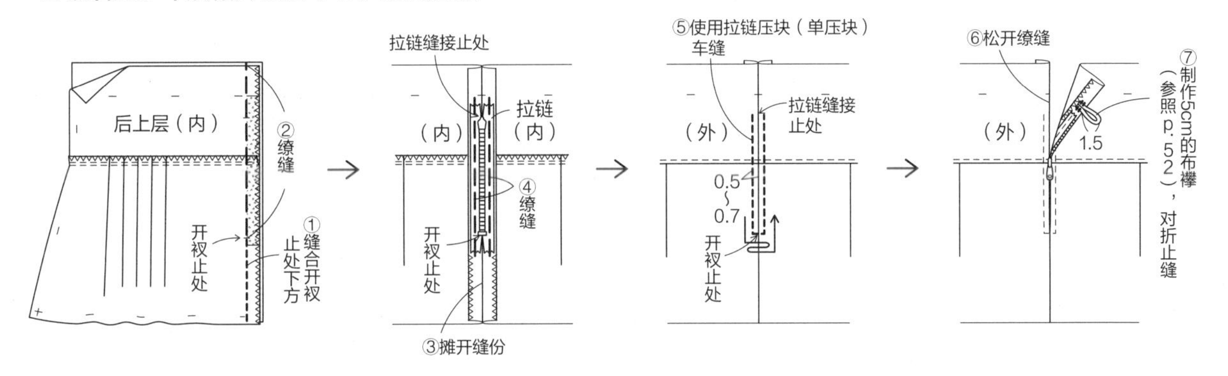

8 松紧带穿入腰围

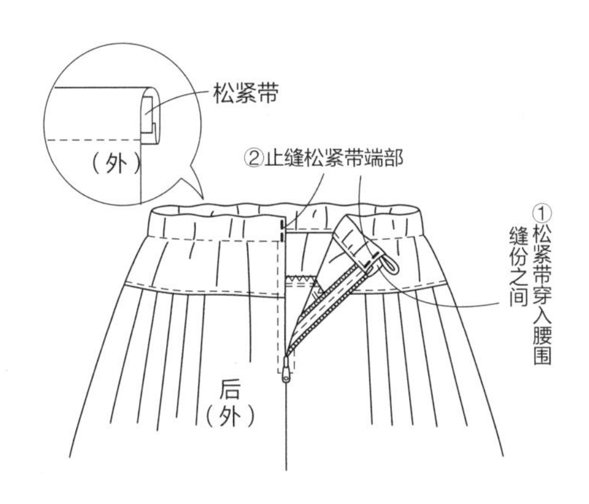

9 制作并缝接腰带穿口

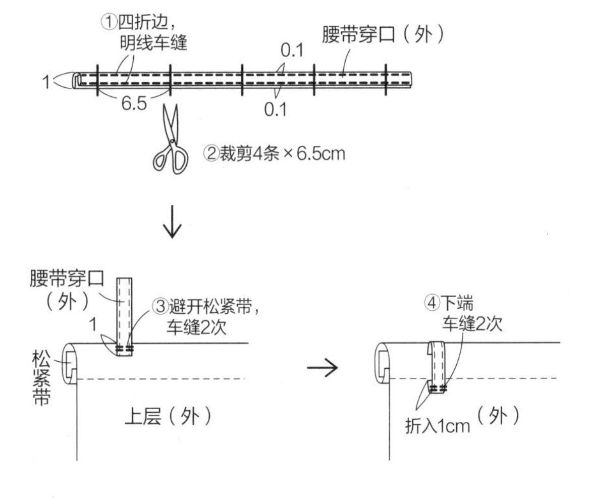

VII p.41 20 立体裁剪泡泡裙

✣ 纸型（4面O）
O前后裙片 O前后下摆拼接布 O前后下摆贴边
O腰带 O口袋布
✣ 成品尺寸（M~L尺码）
臀围148cm 裙片长77cm

材料

表布 棉麻闪光布……宽112cm×220cm
黏合布带 宽1.5cm×90cm
拉链 22cm×1根
松紧带 宽2.5cm×腰围尺寸
纽扣 直径1.5cm×1个

准备

前后裙片的拉链缝接位置、口袋口的缝份的内面贴黏合布带。
前后裙片、前后下摆拼接布、口袋布的侧边缝份锁边车缝。

制作方法顺序

1 缝合前后裙片的左侧，缝接拉链。→p.51
2 缝合前后裙片的右侧，制作口袋。→p.55
3 缝接腰带，送入松紧带。→图示
4 分别缝合下摆拼接布、下摆贴边的侧边，摊开缝份。
5 用贴边回针缝下摆。贴边外面对齐缝合于下摆拼接布的下摆侧。接着，贴边翻到裙片的内面，折入贴边上端的缝份，熨烫整齐，贴边上端明线车缝。
6 缝合裙片和下摆拼接布。缝份2片一并锁边车缝处理，压向裙片侧。
7 腰带的前左侧制作扣眼，后掩襟缝接纽扣。

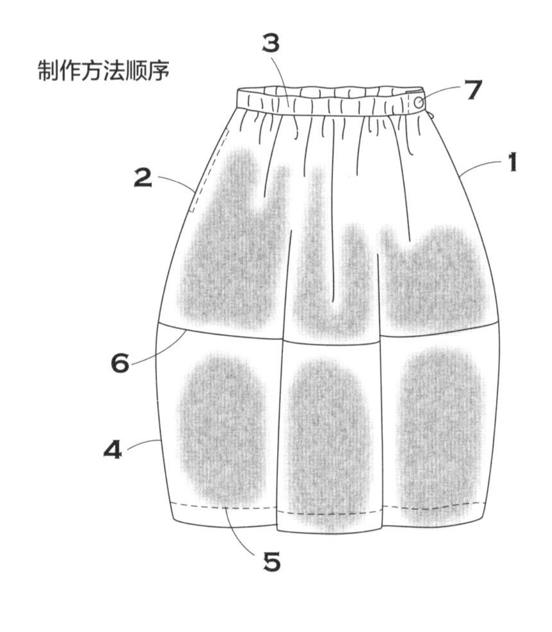

裁剪图

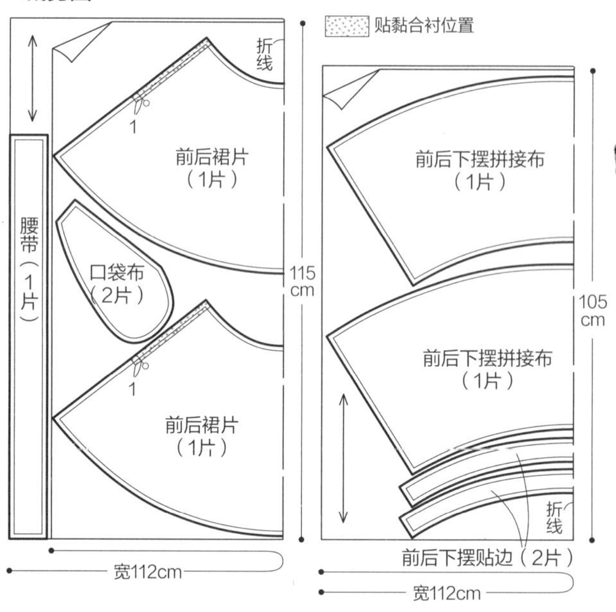

3 缝接腰带，送入松紧带

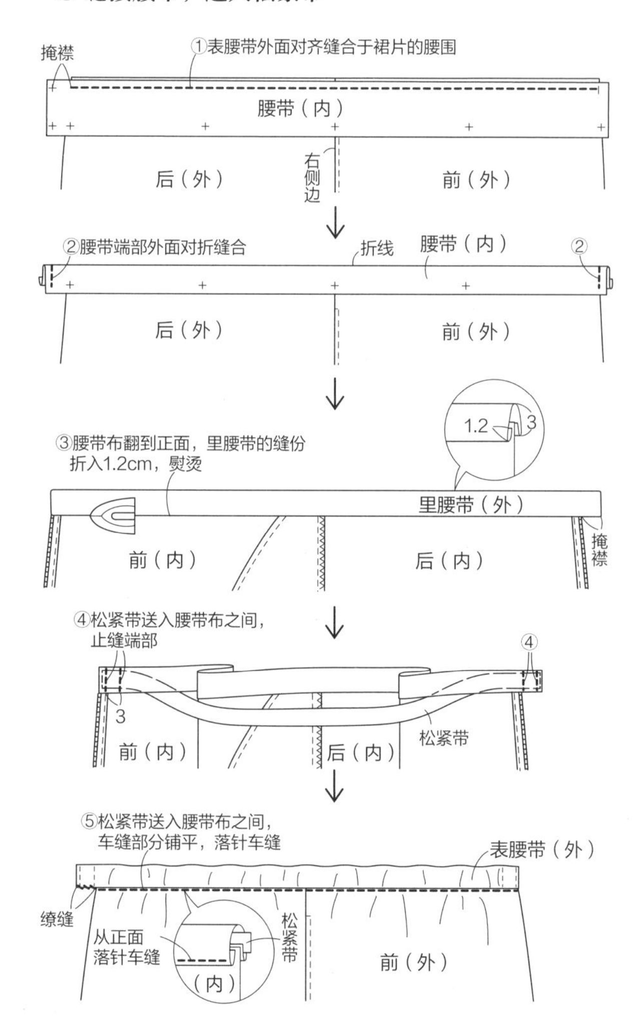

VII p.43 22 褶皱宽腿裤

✣ 纸型（2面Q）

Q后裤片 Q前裤片 Q后腰围贴边

Q前腰围贴边 Q口袋布

✣ 成品尺寸（M~L尺码）

臀围104cm 裤长85.5cm

材料

表布 亚麻布……宽112cm×220cm

电光棉缎（腰围贴边用）……60cm×20cm

松紧带 宽2.5cm适量

准备

前后裤片的侧边和下裆、口袋布的侧边缝份锁边车缝。

制作方法顺序

1 缝合腰围的细褶。→图示
2 缝合侧边，制作口袋。→p.55
3 缝合裆部。左右裆部外面对齐缝合，缝份2片一并锁边车缝处理，压向右裤片侧明线车缝。
4 缝合下裆。前后下裆外面对齐，连续缝合左右下裆，摊开缝份。
5 制作腰带穿口。四折边成1.2cm宽度，明线车缝，裁剪成9cm×5根。
6 用贴边回针缝腰围。此时，在5处缝接腰带穿口。→图示
7 止缝腰带穿口。→图示
8 处理下摆。下摆的缝份三折边成2.5cm宽度，明线车缝。
9 松紧带穿入腰围。试穿确定松紧带长度，端部重合2至3cm止缝。

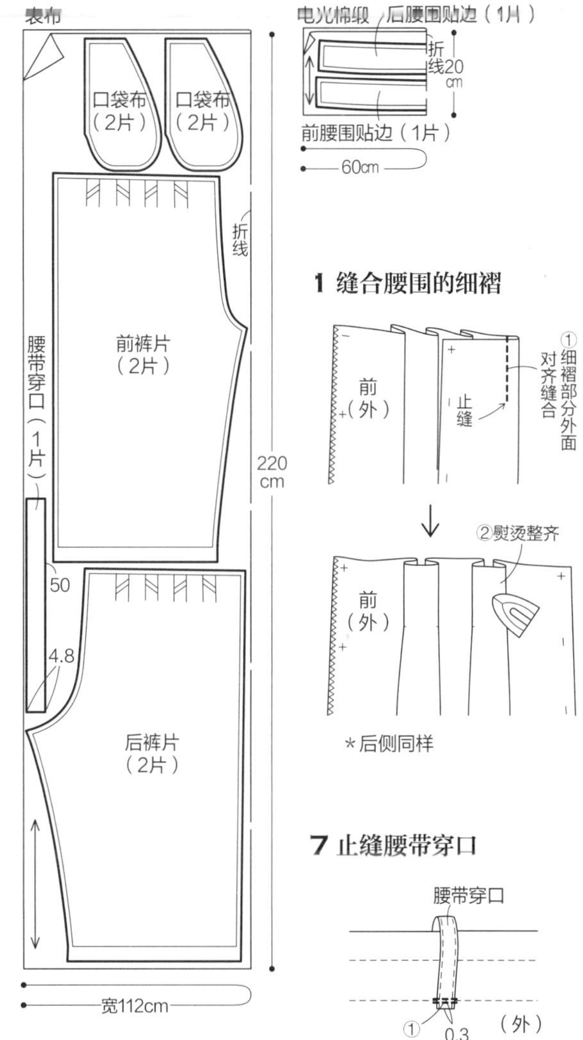

制作方法顺序

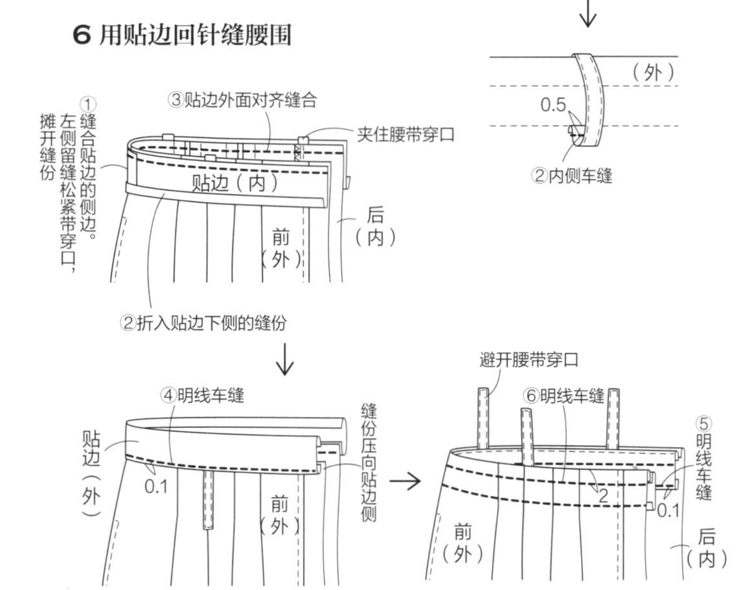

VII p.42 21 运动衫

✤纸型（4面P）

P后衣片 P前衣片 P后过肩 P短条布 P袖 P上领 P底领 P口袋

✤成品尺寸（M~ML尺码）

胸围109cm 衣长58.5cm 袖长21cm

材料

表布 洗旧加工的棉平纹布……宽114cm×140cm

黏合衬……宽90cm×55cm

纽扣……直径2cm×2个

准备

上领、底领、短条布的内面贴黏合衬。

1片上领贴黏合衬，且贴黏合衬一片为里上领。

短条布（1片）的下端锁边车缝。锁边车缝的为左前短条布（缝接于下前衣片）。

制作方法顺序

1 前衣片制作短条布开衩。→图示

2 折叠后衣片的细褶，与过肩缝合。→图示

3 制作领子。→p.49

4 缝接领子。→p.49

5 缝接袖子。→图示

6 连续缝合袖下至侧边。缝份2片一并锁边车缝处理，压向后侧。

7 处理袖口。袖口三折边成2.5cm宽度，明线车缝。

8 处理下摆。下摆的缝份三折边成0.8cm宽度，明线车缝。

9 制作并缝接口袋。→p.71

10 制作扣眼（纵向扣眼），缝接纽扣。

裁剪图

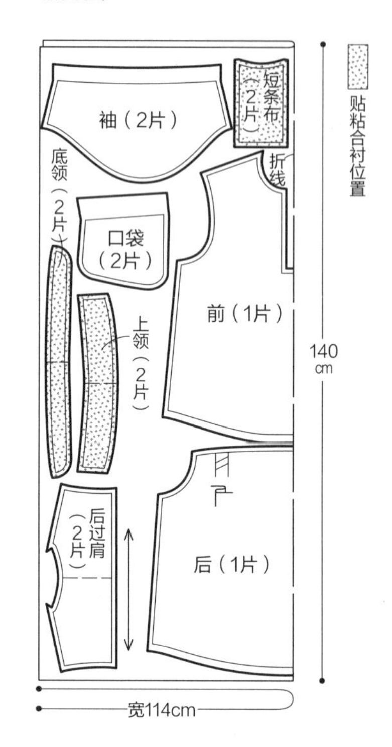

1 前衣片制作短条布开衩

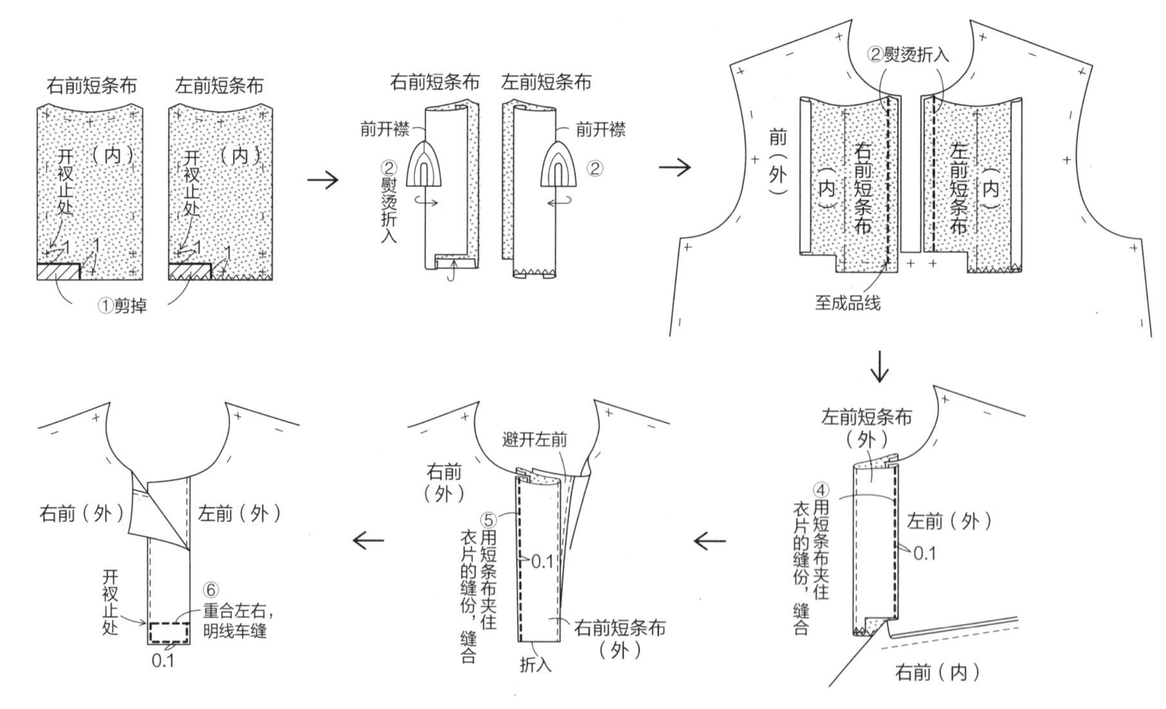

制作方法顺序

4
3
5
10
7
1
6
9
8
2
2

5 缝接袖子

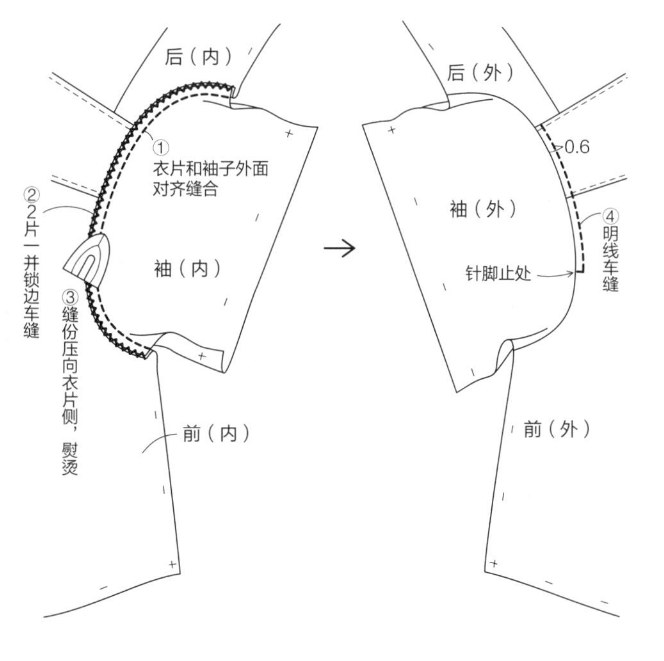

2 折叠后衣片的细褶，与过肩缝合

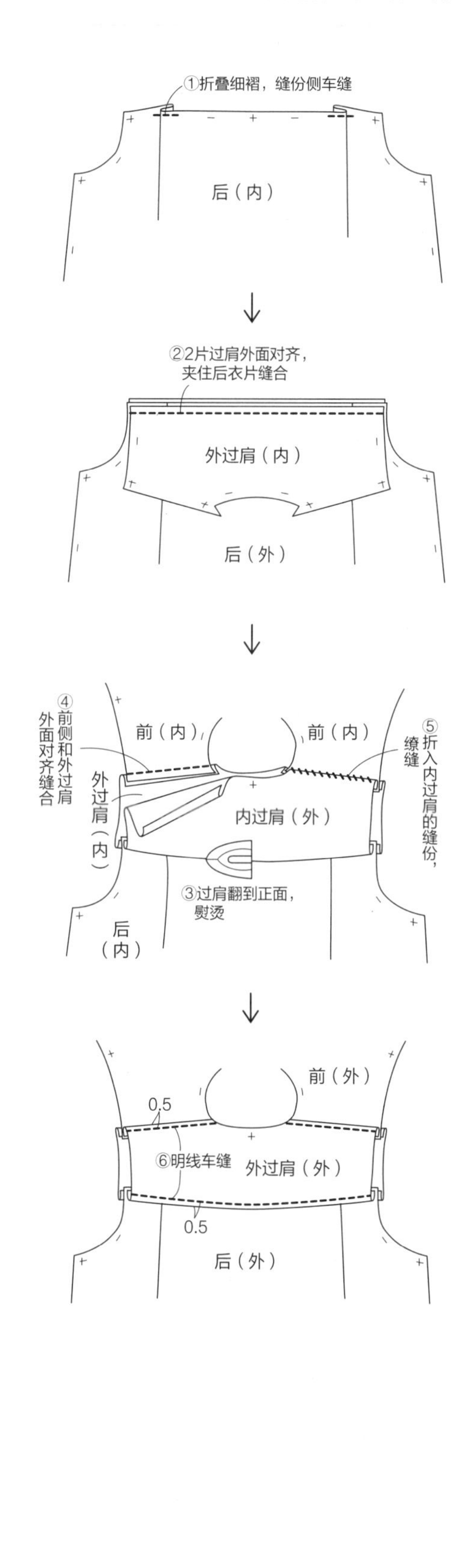